U0161036

微生物土力学原理与应用

Biocemented Soils
Mechanical Principles and Applications

刘汉龙　肖　杨　著

科学出版社

北京

内 容 简 介

  本书阐述了作者在微生物土加固理论与技术方面的探索,创新性地将传统土力学原理与微生物固化技术相结合,并成功应用于岛礁地基处理、边坡抗侵蚀、文物修复等领域。本书汇集了作者及其创新团队近年来该领域的主要研究成果,是一部反映该技术研究成果和发展概况的专著。

  本书可供土木、水利、环境、能源等部门的设计、施工及科研人员,以及高等院校相关专业的师生参考。

图书在版编目(CIP)数据

微生物土力学原理与应用/刘汉龙,肖杨著.—北京:科学出版社,2022.12
ISBN 978-7-03-074061-8

Ⅰ.①微… Ⅱ.①刘… ②肖… Ⅲ.①土壤微生物–岩土力学 Ⅳ.①TU4

中国版本图书馆 CIP 数据核字(2022)第 228114 号

责任编辑:刘信力 / 责任校对:彭珍珍
责任印制:吴兆东 / 封面设计:无极书装

科学出版社 出版
北京东黄城根北街 16 号
邮政编码:100717
http://www.sciencep.com
北京建宏印刷有限公司 印刷
科学出版社发行 各地新华书店经销
*
2022 年 12 月第 一 版 开本:720 × 1000 1/16
2023 年 10 月第二次印刷 印张:14 1/4
字数:278 000
定价:128.00 元
(如有印装质量问题,我社负责调换)

作者简介

刘汉龙 (1964—)，江苏高邮人，博士，教授、博士生导师，教育部长江学者特聘教授，国家杰出青年科学基金获得者，国务院学科评议组成员，教育部科技委学部委员，教育部长江学者创新团队负责人，国际土力学与岩土工程学会 TC303 分会主席，*Biogeotechnics* 和《土木与环境工程学报》主编。1986 年毕业于浙江大学土木系，1994 年在河海大学获岩土工程博士学位，1997 年日本国立港湾技术研究所博士后出站。主要从事软弱地基加固与桩基工程、环境岩土力学与工程领域的教学与科研工作，获国家技术发明奖二等奖 2 项、国家科技进步奖二等奖 1 项、省部级科学技术一等奖 6 项和教学成果一等奖 2 项。获得过何梁何利基金科学技术创新奖、光华工程科学技术奖、首届全国创新争先奖，以及茅以升土力学与岩土工程大奖、国际 IACMAG 协会岩土德赛大奖等荣誉。

联系方式：hliuhhu@163.com

肖杨 (1982—)，江苏新沂人，博士，教授、博士生导师，国家优秀青年基金获得者和重庆市杰出青年基金获得者，*International Journal of Geomechanics, ASCE* 副主编，*Biogeotechnics* 执行副主编。2003 年本科毕业于河海大学土木工程系，2014 年在河海大学获得岩土工程博士学位。主要从事微生物加固土体力学特性及本构理论方向研究。获国家科技进步奖二等奖 1 项，省部级及学会科学技术一等奖 2 项，获国际 IACMAG 协会杰出地区贡献奖和 Carter 奖 2 项，入选爱思唯尔 (Elsevier) 的"2018 年—2021 年中国高被引学者"、全球学者库的 2020 年—2021 年"全球顶尖前 10 万科学家"，以及 2020 年—2021 年"全球前 2% 顶尖科学家" (Singleyr)。

联系方式：hhuxyanson@163.com

序　一

　　岩土工程是土木工程的一个分支，是一门实践性很强的学科。作为一门传统的学科，如何打破学科壁垒，促进学科交叉融合，实现岩土工程绿色生态加固和低碳发展，是非常值得关注的热点问题。微生物岩土工程是将微生物技术应用于岩土工程的新兴交叉学科，近年来呈现出多元化快速发展趋势。它通过利用岩土体中微生物的代谢活动来实现岩土材料性能的改善，具有环境适应性强、施工扰动性小等特点，为绿色、低碳、高效的岩土体加固提供了新思路，适应国家"双碳"战略需要，具有显著的经济社会价值和广泛的应用前景。

　　刘汉龙教授及其创新团队长期致力于软弱地基加固与桩基工程、岩土地震工程与环境岩土力学等方向的教学与科研工作，研发了一系列岩土工程新技术与新工艺，在解决岩土加固理论和技术难题上实现了创新与突破。作为国际上较早关注微生物岩土加固技术的研究者，刘汉龙教授及其创新团队针对目前岩土工程研究中呈现出的多维度、多手段、多尺度的发展趋势，结合不同学科相关知识，采取多种研究方法，开展学科间紧密交叉合作，率先将传统土力学原理和微生物固化技术相结合，对微生物土加固理论与技术开展了系统、全面研究，在微生物加固方法与机理、微生物土静动力力学特性与本构理论等方面取得了突出成果，得到了国内外专家的广泛关注与认可，并在我国南海岛礁地基处理、边坡抗侵蚀、文物修复等领域成功应用，相关工作是学科交叉创新的典范，具有显著的理论与现实意义。

　　该书以微生物土为研究对象，循序渐进地介绍了微生物土的基本原理、静动力力学性质、本构理论以及工程应用案例，充分反映了刘汉龙教授及其创新团队近年来在相关领域的最新研究成果。全书图文并茂、内容新颖、条理清晰、编排合理，具有较强的系统性、科学性和先进性。该书的出版将深化人们对微生物岩土加固技术的认识，为该技术的推广应用及岩土工程绿色加固技术的发展提高起到积极推动作用。

中国工程院院士　周绪红

2022 年 6 月

序 二

现代科学技术发展的一大趋势是学科交叉融合。究其原因，一是人类面临的问题与挑战越来越复杂，仅凭单一学科很难解决，甚至无法解决，需要多学科交叉、协同攻关；二是在解决重大需求问题的同时，通过学科交叉融合，可以在理论、方法和技术上寻求新突破，甚至产生新学科。学科交叉越来越受到学术界的重视，如国家自然科学基金委员会一项重要的改革举措就是促进学科交叉，并新成立了交叉科学部，在分类评审中专门设置了交叉类项目。

微生物土技术与方法是岩土工程与微生物学科交叉融合的新成果。近年来由于人类活动造成的温室效应、土壤污染等全球性环境问题变得日益严峻，世界各国纷纷大力倡导利用绿色天然、节能环保型材料，环境因素在土木工程建设中开始占据重要地位，并成为现代工程建设关注的热点。与传统材料相比，生物材料能在岩土基质中表现出特有的自发性、重塑性及重生性等特点，被认为是环境友好、生态低碳的材料，因此，生物材料受到越来越多科学家和工程师的青睐。微生物土技术主要是利用自然界广泛存在的微生物代谢功能，与环境中其他物质发生一系列生物–化学反应，改变土体的物理–力学–工程性质，从而实现土体加固、环境净化、地基处理等目的。微生物土技术与方法作为岩土工程领域新的分支，逐渐成为热门和重要的交叉学科及研究方向。

刘汉龙教授及其团队长期坚持理论研究与技术创新相结合，在软弱地基加固与桩基工程、环境岩土力学与防灾减灾工程等方面取得了一系列创新性成果，研发了系列岩土工程新技术，由刘汉龙教授等提出的微生物土加固理论与技术，适应国家"双碳"战略需要，丰富和发展了岩土工程绿色加固技术体系。该书汇集了刘汉龙教授及其创新团队近年来关于微生物土理论及应用方面的创新成果，包括微生物土微观机理、微生物土静动力学变形与强度特性、微生物土本构理论以及工程案例分析等内容。该书内容系统、丰富，体现了刘汉龙教授及其创新团队多年来在生物建造方面的超前谋划和思考。我相信该书出版对促进该项新技术的应用发展、创新岩土工程绿色加固技术、推动多学科交叉等都将起到积极作用。

中国工程院院士 丁列云

2022 年 6 月

前　　言

微生物矿化作为自然成矿作用的一种，广泛存在于地质演变过程中。微生物生长繁殖和代谢活动中发生的一系列生物化学反应可以诱导生成碳酸盐、磷酸盐等沉淀，对岩石圈的物质组成及碳、氮等多种元素的循环具有重要作用。自然环境下，生物矿化反应温和且耗时漫长；岩土工程师通过人为干预生化反应过程，实现对矿化速率的控制，利用矿物沉积优越的机械特性，在松散土体颗粒间形成胶结与填充，进而改变岩土体物质成分和理化性质，具有施工扰动小、环境适应性强等特点，成为低碳、高效的土体加固技术新思路。

本书著者团队在多项国家自然科学基金重点项目、面上项目、人才计划，以及国防项目和相关企业攻关项目等的资助下，开展了多年的科学研究，主要针对岩土体微生物加固机理、反应过程、工程特性、影响因素及工程应用等方面从微细观-单元-模型-现场等多尺度开展了全方位研究，研究成果得到了广泛关注，并成功应用于岛礁地基加固、边坡防侵蚀处理等多个示范工程。为了进一步推广该技术，迫切需要一本对其理论和应用进行综合阐述的专著。

全书共 8 章，具体内容如下：第 1 章绪论，第 2 章微生物土微观机理，第 3 章微生物土抗压及抗拉变形与强度特性，第 4 章微生物土剪切变形与强度特性，第 5 章微生物土动孔压与变形特性，第 6 章微生物土液化与动强度特性，第 7 章微生物土本构理论，第 8 章微生物土工程应用。

本书汇集了著者及其创新团队成员近年来的主要研究成果。感谢陈育民教授、何稼副教授、吴焕然博士、史金权博士、杨阳博士、刘璐博士、肖鹏博士、何想博士、张智超博士，以及马国梁、崔昊、赵常、张瑾璇、梁放、胡健、范文军、路桦铭等研究生的合作和辛勤工作。承蒙周绪红院士、丁烈云院士认真审阅，提出了宝贵意见和建议，并在百忙之中作序，著者在此谨表示衷心感谢。

鉴于微生物岩土技术涉及多学科交叉、多尺度研究属性，有些问题研究尚浅，加之限于著者水平，书中不足之处在所难免，恳请读者批评指正。

刘汉龙　肖　杨

2022 年 12 月 18 日

主要符号表

B_{ca}——加固石英砂的碳酸钙的质量分数

c——土的黏聚力

CCC——加固钙质砂中生成的碳酸钙的质量分数

D——剪胀比

e——孔隙比

e_{cs}——临界状态孔隙比

e_{cs0}——初始临界状态参数

G——剪切模量

h_0——塑性模量

I_1, I_2, I_3——应力张量不变量

K——体积模量

k_k, k_b, h_0——砂土剪胀性相关参数、峰值状态参数、塑性模量参数

$\mathbf{m}_p, \mathbf{m}_q$——塑性流动方向单位向量

m_i——MICP 加固后的试样干重

m_{MICP}——经过 MICP 加固后的试样干重

m_{un}——未经过 MICP 加固的试样干重

M_c——临界状态应力比

M_d——剪胀应力比

M_b——峰值应力比

m_a——酸洗后的试样干重

$\mathbf{n}_p, \mathbf{n}_q$——加载方向单位向量

p——平均应力

p_t——胶结作用引起的抗拉强度

p_{t_0}——初始抗拉强度

p_0——初始围压

p_{ic}——固结围压

q——偏应力

W——输入功

W^p——塑性功

α, β——胶结作用及胶结退化有关参数

$\sigma_1, \sigma_2, \sigma_3$——主应力

φ——土的内摩擦角

ψ——状态参数

Φ——塑性势面

$\mathrm{d}\varepsilon_{ij}$——应变增量

$\mathrm{d}\varepsilon_{ij}^e$——弹性应变增量

$\mathrm{d}\varepsilon_{ij}^p$——塑性应变增量

η——应力比

η^*——修正应力比

Λ——塑性因子

χ——临界状态参数

$\varepsilon_d^e, \varepsilon_d^p, d\varepsilon_d^e, d\varepsilon_d^p$——弹性剪应变，塑性剪应变及相应的增量

$\varepsilon_v^e, \varepsilon_v^p, d\varepsilon_v^e, d\varepsilon_v^p$——弹性体积应变，塑性体积应变及相应的增量

ξ, ξ_0——退化速率，初始退化速率

目　　录

第1章 绪 论

1.1 微生物土的定义

微生物长期、广泛并大量存在于地表以下的岩石圈地壳层，由于微生物的生命活动与周围环境发生物质交换，会改变其生存环境的地壳成分。如果说岩土体是从工程建设的角度对地壳的组成物的一种统称，那么微生物土则可定义为微生物作用对岩土体的工程力学特性产生重要影响的一类岩土体。微生物土的三要素包括无机岩土体、微生物体/酶、微生物代谢产物。一般而言，人类生产建设中遇到各类岩石、粘土、砂土等物质成分大部分属于无机复合物，通过添加人造材料可构成不同的岩土体，如添加水泥形成水泥土、添加泡沫形成轻质土等。虽然这些人造岩土体具备较好的工程建设性能，但是它们通常具有不易降解等特点，对地球环境特别是生态环境影响较大。与人造岩土体不同，微生物土主要利用微生物的新陈代谢产物改变岩土体的工程特性，由于微生物在岩土体中生存了千万甚至数亿年，因而具有良好的环境相容性。微生物土对于工程建设的突优势体现在自发性、生态性及低耗能性，符合生态文明建设及"双碳"战略要求，对于现阶段乃至以后很长一段时期都具有重要的工程意义。

1.2 微生物土的学科含义

岩土力学是一门以应用为基础的学科，伴随着人类工程建设的需要而发展。古典岩土工程以力学理论为基础，结合大量工程实践经验，学者们提出了诸如莫尔库伦理论、达西定律、布辛内斯克应力分布解、朗肯土压力理论等经典土力学理论。20 世纪 20 年代太沙基出版了第一部土力学著作 *Erdbaumechanik*，系统研究了土体的强度、固结、地基承载力等基本土力学问题，从传统的针对具体问题的力学研究上升到系统的理论论述阶段，因而该书的出版被广泛认为是现代岩土力学的开端。二战后随着大型工程设施建设需要，以及人们对土体性质认识的深入，学者们进一步提出了临界状态土力学理论，并以此为基础发展了大量将土体强度、变形，以及剪胀结合起来的高等土体本构模型。与此同时，人们认识到化学或电化学对于解释土体，尤其是细粒土固结、压实现象，改变土体强度(如化学注浆、电渗)、变形等工程特性方面的巨大作用。岩土工程学科的基本知识组成由工程地质学、力学、水力学等学科拓展，包括了化学与电化学等。而 21

世纪初期，工程师在大型矿山治理、石油开采、水坝防渗等工程应用中率先发现微生物作用对岩土体稳定性具有不可忽视的作用，进一步认识到微生物及其产物对岩土体工程特性的影响，而经微生物作用将松散砂颗粒固化成高强度砂柱的技术的面世，直接引发了全球范围内岩土工程学者的研究热潮，由此逐渐显现一门以岩土力学和微生物为基础的新型交叉学科——微生物土力学。

微生物土力学有狭义和广义之分，狭义的微生物土力学主要指细菌、真菌等微生物活菌体参与的岩土体工程特性改变，而广义的微生物土力学所涉及的反应对象包括微生物活菌体及其产物、具有生物活性的酶等一系列生物相关的材料。总体来说，不论是狭义还是广义，微生物土力学指利用微生物或生物相关作用实现岩土体强度、渗透性等基本性质不同程度改善的一门交叉学科。与传统岩土力学相比，微生物岩土工程最大的优势在于具有碳排放低、施工扰动小、环境适应能力强、无二次污染等特点，属于典型的绿色岩土工程范畴，也是 21 世纪岩土工程重要的发展方向。

1.3 微生物土的研究方法

微生物土力学作为一门新型多学科交叉学科，尚待解决的问题很多，吸引了众多具有微生物工程、地质工程、材料工程、晶体学、化学、岩土工程等不同研究背景的学者，使用的研究方法和手段较为多样，既源于传统学科研究，又与它们有所差别。例如从处理流程来看，在利用生物技术处理岩土体的过程中，不仅要监测处理过程中岩土介质中生化成分的变化，而且需采用岩土测试技术检测力学性质，综合物质成分和力学性质两方面评估处理效果，并以此为反馈改进处理方案。若单纯从传统生物角度来研究则无法获知工程性能的变化，违背了微生物岩土的研究目的；而单纯以传统岩土工程方法进行研究则无法解释力学性质改变的机制。由此看来，从单一学科的角度无法获得对微生物岩土工程的深入认识，在进行微生物岩土工程研究时需要结合不同学科的相关知识，采取多种研究方法，开展学科间的紧密交叉，才能得到较为全面的认知。就目前研究来看，微生物土力学的研究呈现多维、多手段、多尺度的趋势。

多维主要体现在研究内容的多样性。首先由于岩土工程问题自身的多样性导致解决不同工程问题采取的方法不同，如地基工程问题侧重于地基承载力、抗液化能力等，隧道渗漏问题侧重于提高抗渗、抗侵蚀能力。微生物岩土工程以面向的工程问题、目标等对象为基础，发展了不同形式的加固技术以应对具体的工程问题。

多手段主要表现为具体研究方法的多元性。从研究方法的类别来说，常规应用于岩土工程的试验、理论及数值等研究手段均在微生物岩土工程中有所体现；

从方法论来看，自然科学研究中的观察试验、归纳演绎、假说论证、类比等研究方法均可用于微生物岩土工程研究。

多尺度主要体现在研究尺度的多重性。微生物岩土工程涉及的研究问题众多，包括微生物岩土的加固机理、反应过程、工程特性、影响因素等，单一尺度无法满足研究的需要，因而人们采取了微观 (<mm)—单元 (mm~dm)—模型 (dm~m)—现场 (mm~dm) 的多尺度研究方法。

1.4 微生物土的作用类型

微生物通过新陈代谢作用与周围环境进行物质交换，进而改变其所处的微环境。通常来说，微生物新陈代谢形成的产物包括气体、无机矿物、有机大分子三大类，这些产物都会影响岩土体的工程力学特性。根据产物的不同，微生物岩土的作用过程可分为三大类：(1) 生物产气 (biogas)，(2) 生物聚合物 (biopolymer)，(3) 生物矿化 (biomineralization)。

1) 生物产气

生物产气作用是指微生物生长过程中发酵产生各类气体改变岩土体饱和度的过程。常见的由生物生成的气体包括氮气、甲烷、二氧化碳、氢气等。可产生生物气的大部分微生物为厌氧微生物，一般而言，需要在缺氧环境下才能发生生物产气作用。目前微生物岩土工程中研究较多的生物产气作用类型为反硝化作用，其主要原理是利用反硝化细菌将 NO_3^- 还原成氮气，其他生物产气作用主要为产甲烷及甲烷氧化作用[1]，在城市生活垃圾处理及生物质能转换领域研究较多，但是他们易被转换为二氧化碳，因而用于微生物岩土工程的较少。

2) 生物聚合物

生物聚合物作用指微生物在新陈代谢过程中生成各类不易降解的大分子，填充在孔隙中阻碍水流渗透并具有一定胶结强度，这类大分子主要是由各类多糖组成的有机聚合物如几丁质、琥珀葡聚糖、黄原胶等。应用于微生物岩土工程的主要生物聚合物作用类型为生物膜作用 (biofilm)[2] 和生物发酵作用 (fermentation)[3]。生物膜由微生物体 (如荧光假单胞菌、枯草芽孢杆菌) 和胞外聚合物 (EPS) 组成，一般而言，具有柔软、弹性及黏滑的特性，能够促进细菌附着，与粘土颗粒絮凝填充孔隙，降低岩土体渗透性[4]。生物发酵作用通过微生物发酵产生生物聚合物再将其应用于岩土工程，生物体本身并不参与加固过程。目前关于生物发酵产物加固岩土体的研究较多，主要包括黄原胶 (xanthan gum)、瓜尔豆胶 (guar gum)、海藻酸钠 (sodium alginate) 等[5-7]，应用场景有重金属修复、土体侵蚀防治、防渗等[8-10]。需要说明的是，生物聚合物作用通常和微生物体内复杂的生化反应有关，产物也较为复杂，较难通过几个化学反应进行描述。

3) 生物矿化

生物矿化作用是指微生物通过诱导矿化或控制矿化的形式生成矿物结晶，产生无机矿物堵塞孔隙、胶结松散颗粒的过程。生物矿化作用在自然界中分布最为广泛，是生物体在适应生存环境过程中演化出的特有能力，具备矿化能力的微生物种类繁多如硅藻、蓝藻、芽孢杆菌属、假单胞菌属、葡萄球菌属等[11]，矿化反应生成的矿物形式多样，包括碳酸盐矿物、磷酸盐矿物、氢氧化物、金属氧化物、硫化物等[12]。生物矿化作用也是微生物岩土工程研究最深入和最主要的作用过程。目前报道的应用于微生物岩土的矿物种类主要有碳酸盐矿物包括碳酸钙、碳酸镁、碳酸钙镁等，磷酸盐矿物包括磷酸镁铵、磷酸钙等，氢氧化物包括氢氧化镁、氢氧化铁等。具体与微生物岩土相关的作用类型如表 1-1 所示。其中，碳酸钙是微生物岩土工程研究最多且较为稳定的矿物，微生物生成碳酸钙加固土体的过程被称为微生物诱导碳酸钙沉淀 (microbially induced calcium carbonate precipitation, MICP)。参与 MICP 过程的微生物作用类型有尿素水解作用、反硝化作用、硫酸盐还原作用、铁还原作用等。由于尿素水解机理简单，反应过程容易控制，碳酸钙产量大，具有较强的环境适应性等优点，其潜在应用领域最为广泛。因此，基于尿素水解的 MICP 成为微生物岩土工程学研究的重点。具备尿素水解能力的微生物种类较多，如变形杆菌、巴氏生孢八叠球菌、幽门螺杆菌、苏云金杆菌等[13-15]，基于培养成本、脲酶活性、稳定性等综合考虑下巴氏生孢八叠球菌 (*Sporosarcina pasteurii*) 是较为合适的工程微生物[13]，本书也将着重对有关巴氏生孢八叠球菌的微生物岩土工程研究进行介绍。需要指出的是，许多植物种子也含有活性较好的脲酶，如黄豆、土豆等，目前提取植物脲酶进行微生物加固也是一个重要的研究方向。

微生物诱导碳酸钙沉淀，通过胶结和填充作用显著改善土体的强度、刚度、渗透等力学特性，国内外学者对于 MICP 加固土体力学特性的研究也主要集中在上述四个方面。无侧限抗压强度是描述 MICP 加固土体强度的最常用的力学指标。如图 1-1 所示，总体说来，碳酸钙含量越高试样的无侧限强度越大，然而由于试验离散性较大，碳酸钙含量与无侧限强度并无统一的定量关系。van Paassen 等[16] 制备了 100 m³ 大型 MICP 注浆加固体，通过钻芯取得用于开展无侧限抗压强度试验的试样，试验结果表明 39 个试样中无侧限抗压强度最高和最低值分别为 12.4 MPa 与 0.7 MPa，碳酸钙含量在 12.6%～27.3%之间，试样的不均匀性和离散性较大。Al Qabany 和 Soga[17] 研究了不同尿素/氯化钙浓度对 MICP 加固石英砂试样强度和渗透特性的影响，结果表明低尿素/氯化钙浓度能得到强度更高的试样，而高尿素/氯化钙浓度能够在加固早期急剧降低渗透系数，并认为碳酸钙的分布对试样力学特性起非常重要的作用。Cheng 等[18] 通过控制试样加固过程中的饱和度，得到试样饱和度低于 80%时，虽然碳酸钙沉淀含量相同，但是无

侧限抗压强度随饱和度提升而降低的结论，认为其主要原因是饱和度影响碳酸钙

表 1-1　主要微生物岩土作用过程及类型 [21]

微生物岩土作用过程	主要作用产物	主要作用过程	代表微生物	主要生化反应	文献来源
生物产气	N_2	反硝化	*Acidovorax* sp.	$5C_2H_5OH + 12NO_3^- \leftrightarrow$ $6N_2 + 10CO_2 + 9H_2O + 12OH^-$	[22, 23]
			Pseudomonas	$5CH_3COO^- + 8NO_3^- \leftrightarrow$ $4N_2 + 10CO_2 + H_2O + 13OH^-$	[24 − 26]
			Acidovorax sp.	$5C_6H_{12}O_6 + 24NO_3^- \leftrightarrow$ $12N_2 + 30CO_2 + 18H_2O + 24OH^-$	[27]
生物矿化	$CaCO_3$	尿素水解	*Sporosarcina pasteurii*	$CO(NH_2)_2 + 2H_2O \leftrightarrow$ $2NH_4^+ + CO_3^{2-}$ $Ca^{2+} + CO_3^{2-} \leftrightarrow CaCO_3 \downarrow$	[28 − 30]
			Bacillus megaterium		[31, 32]
			Bacillus sphaericus		[33 − 35]
		反硝化	*Castellaniella denitrificans*	$Ca(C_2H_3O_2)_2 + 1.6Ca(NO_3)_2 \leftrightarrow$ $2.6CaCO_3 \downarrow + 1.6N_2 \uparrow + 1.4CO_2$	[36]
			Pseudomonas aeruginosa, *Diaphorobacter nitroreducens*	$5HCOO^- + 2NO_3^- + 7H^+ \leftrightarrow$ $5CO_2 + 6H_2O + N_2 \uparrow$ $Ca^{2+} +$ $CO_2 + 2OH^- \leftrightarrow CaCO_3 + H_2O \downarrow$	[25, 37, 38]
	磷酸镁铵	尿素水解	*Sporosarcina pasteurii*	$CO(NH_2)_2 + 2H_2O \leftrightarrow$ $2NH_4^+ + CO_3^{2-}$ $Mg^{2+} + NH_4^+ + HPO_4^{2-} + 6H_2O \leftrightarrow$ $MgNH_4PO_4 \cdot 6H_2O + H^+$	[39, 40]

分布导致强度不同。天然状态下，岩土体的成分较为复杂 (表现为不同场地岩土的级配、细粒含量、矿物成分、颗粒形貌等差异性较大)。此外，温度、加固方式、注浆液化学成分与浓度等均会对试样的强度存在影响。一般而言，MICP 加固体的无侧限强度在 20 MPa 以下。然而，通过控制注浆方法选取合适的砂，微生物加固砂浆强度亦能达到 30 MPa[19]，甚至 55 MPa[20]，说明了制备高强度 MICP 加固试样的可行性。

抗剪强度是岩土体重要的强度指标，代表岩土体对外载荷作用所产生剪应力的抵抗能力，三轴试验是获取抗剪强度参数的主要试验手段。DeJong 等 [41] 最早开展了 MICP 加固试样的各向同性固结不排水压缩三轴试验，MICP 胶结砂与一般水泥/石膏胶结砂类似，如试样出现应变软化，试样的初始剪切刚度和极限抗剪承载力明显提高。Chou 等 [42] 通过对 MICP 加固试样进行直剪试验发现，与未加固试样相比 MICP 加固后试样的内摩擦角明显增大了，同时黏聚力有小幅的增长。Li 等 [43] 开展了不同加固程度的 MICP 加固石英砂三轴排水剪切试验，并绘制了不同碳酸钙含量下微生物固化试样的摩尔应力圆及抗剪强度包络线，结果表明

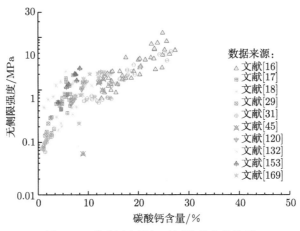

图 1-1　碳酸钙含量与无侧限强度的关系

MICP 处理试样的有效应力包络线均高于未加固试样；在围压 50 kPa～400 kPa 范围内，不同碳酸钙含量试样的有效应力包络线可近似为直线且互相平行，即破坏包络线是随碳酸钙含量的增加而向上平移，认为微生物加固主要通过增加黏聚力提高土体抗剪强度。Montoya 和 DeJong[44] 开展了不同加固程度的 MICP 固化石英砂 (碳酸钙含量介于 1.01%～5.31%) 三轴不排水剪切试验，试验结果表明试样的剪切特性随着加固程度的提高从应变硬化逐渐向应变软化特性转变，破坏模式由整体破坏向局部破坏转变；峰值剪应力比对应的轴向应变较小，并且随着加固程度的提高而增大，未加固试样的峰值剪应力比为 1.3，而碳酸钙含量为 5.31% 的试样为 1.91，然而胶结作用对临界状态应力比并无显著影响。然而，Cui 等 [45] 关于 MICP 加固福建标准砂的各向同性固结不排水压缩试验表明，MICP 固化对砂的有效内摩擦角和有效黏聚力均有提高作用，有效内摩擦角随碳酸钙含量的增加呈线性增长趋势，而有效黏聚力随碳酸钙含量的增加呈指数增长趋势。此外，加固程度还能显著影响 MICP 加固标准砂的应力路径和脆性特性。颗粒粒径对微生物加固试样的剪切特性也有影响，Lin 等 [46] 分别开展了 MICP 加固 Ottawa 20/30 和 50/70 砂的三轴排水试验，试验结果表明较未加固试样，碳酸钙含量为 1.6% 的 MICP 加固 Ottawa 20/30 砂的峰值偏应力平均增加 93%，而 MICP 加固 Ottawa 50/70 砂 (碳酸钙含量为 1.0%) 的峰值偏应力平均增加 171%。围压对微生物加固试样的剪切行为有较大影响，Feng 和 Montoya[47] 开展了三种不同围压 (100 kPa、200 kPa、400 kPa) 下 MICP 加固石英砂的三轴排水试验影响，试验结果表明临界状态土力学理论仍然适用于 MICP 加固石英砂，强加固试样表现出应变软化特性，围压的增大或加固强度的降低都能减弱试样的应变软化程度；MICP 加固后试样的峰值摩擦角和残余摩擦角较未加固土体增加较为明显，且加固程度越高，两者提高程度越显著；试验结果还表明 MICP 加固对黏聚力的影响有限，尤其是对弱加固和中等加固试样。

土体刚度是指土体在受力时抵抗弹性变形能力，其中剪切刚度特指土体抵抗小应变剪切变形的能力。通过测量剪切波速或开展单轴试验均能衡量土体剪切刚度。虽然两者的测量原理不同，但 van Paassen 等 [16] 将原位剪切波速试验和钻芯取样无侧限抗压强度试验得到的剪切模量进行比较表明，两者的相关性较好。Cheng 等 [18] 比较了 MICP 加固砂土与砾石、软岩及混凝土等常见岩土/建筑材料的弹性模量，MICP 加固硅砂较其他岩土/建筑材料的柔韧性要好。通过测量加固前后试样的剪切波速来评估加固程度和衡量剪切刚度成为 MICP 的常用研究手段 [48,49]。Montoya 和 DeJong[44] 利用弯曲元测量了三轴剪切过程中试样剪切波速的变化，研究表明随剪应变的增加试样的刚度逐渐降低，认为剪切引起的胶结退化和应力软化是导致剪切刚度降低的主要原因，试验过程中刚度降低的速率与排水条件及有效应力路径相关。Feng 和 Montoya[47] 通过开展微生物加固试样的三轴排水试验表明试样的初始弹性模量主要取决于加固程度，加固后刚度和剪胀性均有了显著提高，且加固程度越高，试样的刚度和剪胀越大。

压缩性能够反映岩土体受外载荷作用的变形能力，开展微生物加固砂土的压缩试验能够研究微生物加固对土体变形行为的影响。由于碳酸钙胶结作用，微生物加固土体受荷时存在碳酸钙之间破裂与碳酸钙和砂颗粒之间破裂共同发生的破坏机制，这些胶结的破裂会吸收载荷作用产生的能量，提高了微生物加固土抵抗变形的能力。Lee 等 [50] 开展了 MICP 加固残积土的一维压缩试验，试验结果表明经过 MICP 加固后残积土总变形量减少了约 2%~23%，再压缩指数 (C_r) 和前期固结应力 (p_c) 均随碳酸钙沉淀量/处理时间的增加而减小；且再压缩指数与试样的碳酸钙含量存在着较好的线性相关，而压缩指数 (C_c) 与碳酸钙含量的相关性相对较差；在高应力 (超过土体屈服应力) 条件下，微生物加固对土体的压缩特性几乎没有影响。Xiao 等 [51] 将 MICP 加固砂的压缩变形分为三个阶段，其压缩指数分别为 0.002~0.034，0.042~0.086 及 0.227~0.307，并提出第一阶段主要由于颗粒摩擦和碳酸钙及颗粒间胶结脱落导致，第二阶段由于胶结破坏、颗粒重分布及颗粒磨损导致，而第三阶段主要由颗粒破碎导致。Feng 和 Montoya[52] 研究了 K_0 应力条件下 MICP 加固硅砂的压缩特性，试验结果表明微生物加固能显著降低 K_0 加卸载过程中试样的沉降量。Lin 等 [46] 开展了 MICP 加固 Ottawa 20/30 和 50/70 砂的压缩试验，试验结果表明 MICP 加固可有效降低试样的压缩性，碳酸钙含量越高压缩指数降低越显著，如碳酸钙含量为 2.6% 的 Ottawa 50/70 砂压缩指数从加固前的 0.024 降低至 0.009，而碳酸钙含量为 1.6% 的 Ottawa 20/30 砂从加固前的 0.019 降低至 0.009。

MICP 过程中生成碳酸钙既产生胶结作用也填充了孔隙，导致土体的渗透系数出现降低。MICP 加固砂土的抗渗性能与碳酸钙的分布和含量有关,通过控制碳酸钙分布和含量,MICP 技术可在提高土体强度的同时保持良好渗透性;另一方面也可以在土体防渗中完全堵塞土体的孔隙 [53]。Whiffin 等 [54] 采用低压低速两相灌浆法 (水力梯度 <1、灌浆速率约 0.35L/h) 对 5 m 长砂柱进行了微生物加固,虽然碳酸钙含量最高可达 105 kg/m^3,但是砂柱的渗透系数仍在 10^{-5} m/s 左右,整个砂柱的平均渗透系数由加固前的 2×10^{-5} m/s 下降至加固后的 9.0×10^{-6} m/s,并未出现严重的堵塞现象。van Paassen 等 [55] 也指出当 MICP 加固生成的碳酸钙沉淀含量约为 100 kg/m^3 时渗透系数仅降低至初始的 60%。Al Qabany 和 Soga[17] 提出高浓度的氯化钙/尿素有利于降低试样的渗透系数,如反应液浓度为 1.0 M 时,仅需 0.5% 含量的碳酸钙渗透系数即出现显著降低。Chu 等 [56] 提出 MICP 技术可在砂体表面形成硬壳层将渗透系数降低至 10^{-7} m/s,可用于建造池塘等防渗结构。Cheng 等 [57] 在 MICP 加固后继续灌入海藻酸钠溶液,形成的海藻酸钙和碳酸钙凝胶体使得砂土的渗透系数由 10^{-4} m/s 降低至 10^{-9} m/s,虽然凝胶体的渗透系数随时间会逐渐升高,但经过一个月耐久性测试仍可维持在 10^{-9} 作用,显示了 MICP 技术用于防渗的优势。

1.5　微生物土的工程技术

微生物岩土技术具有绿色环保、环境友好等特点,在建筑、岩土、环境治理等领域具有较好的应用前景。早在 2012 年第二届生物–岩土工程及相互作用国际研讨会 (Second International Workshop on Bio-Soil Engineering and Interactions) 上就提出了针对 24 类岩土、地质、环境等领域的应用,并评估了相应的应用前景,与会者认为地下微生物参与调节的一系列物理化学反应过程包括生物矿化沉淀 (microbially-induced precipitation)、生物产气 (biogas)、生物膜 (biofilm) 和生物聚合物 (biopolymer) 等均可用于处理岩土工程问题,包括提高地基承载力和抗液化能力、二氧化碳地质封存、重金属处理等 [21]。目前相关应用研究仍在图 1-2 所列范围内。虽然微生物岩土技术的应用范围较广,但是目前从实际工程的角度开展模型或现场试验研究的报道并不多,下面将着重从提高地基承载力、抗液化、防渗、抗侵蚀、建/构筑物修复、污染土治理等方面介绍微生物岩土技术。

在提高地基承载力方面,目前的研究大多通过注浆或直接倾倒加固液的方式进行微生物地基处理。van der Star 等 [58] 首次报道了微生物加固技术在砂砾层地基处理工程中的应用。他们首先开展了 1 m^3 和 100 m^3 的模型试验,证实微生物注浆加固的可行性,如图 1-3 所示。随后通过在工程现场设置反应液 (氯化钙和尿素溶液)、微生物溶液储存罐和搅拌系统,如图 1-4 所示,利用注浆和抽水设备将微生物溶液和反应液先后注入土体,通过实时监测流出液化学成分来判断

是否发生 MICP 反应,而抽出的氨氮废液收集至污水厂处理。施工工期为 7 天,其

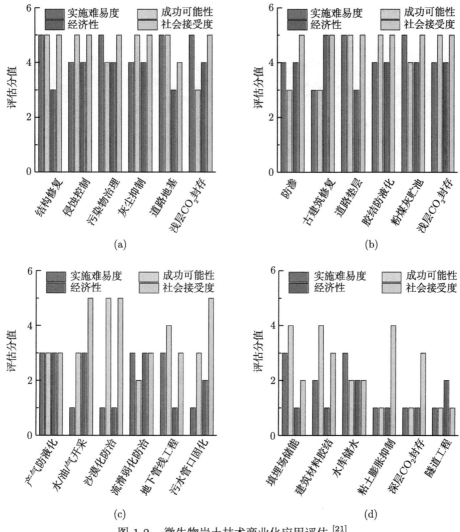

图 1-2 微生物岩土技术商业化应用评估[21]

中注浆加固 3 天,抽取氨氮废液 4 天。虽然加固前后 CPT 和 SPT 值并无太大变化,但是现场电阻率测试显示注入反应液后在离注浆口 2 m 范围内地层电阻率出现显著降低,并且钻芯取样后测得碳酸钙含量可达 6%,在此碳酸钙含量下模型试验制备的试样已经具备了胶结强度,从而间接证明了现场胶结的可能。刘汉龙等[59]采用现场扩培方法获取微生物并开展了南海吹填岛礁微生物加固现场试验,通过将反应液和微生物溶液混合后直接倾倒入松散吹填钙质砂地基。经过 9 次处

理后，回弹仪测定表面强度可达 20 MPa，取样后无侧限强度最大为 821 kPa，最大加固深度为 70 cm，超预期 50 cm，试验证实了现场条件下微生物加固钙质砂的可行性，发现加固体存在较显著不均匀性，后期应用需改善加固工艺以提高加固均匀性。

(a) 1 m³   (b) 100 m³

图 1-3　大尺寸微生物注浆加固模型实验 [60]

图 1-4　微生物灌浆的首次应用：稳定砂砾层钻孔 [58]

在抗液化方面，Burbank 等 [61,62] 通过静力触探和动三轴试验说明 MICP 可有效提高砂土的抗液化能力，与未加固砂土相比，MICP 加固可以提高砂土的贯入阻力，并且加固程度越高阻力越大，当碳酸钙含量为 20～48 kg/m³ 时，其静力触探锥尖阻力最大可提高至 2.2 倍；循环阻力比随碳酸钙含量的增加而增大，当碳酸钙含量为 2.1%～2.6% 时循环阻力比增加 2 倍以上，当碳酸钙含量为 3.8%～7.4% 时循环阻力比增加 4～5 倍。Montoya 等 [63] 通过土工离心机对不同加固程度下的 MICP 固化砂土地基进行了抗液化和动力特性研究，结果表明随着加固程度的提高，MICP 加固砂土的抗液化强度逐渐提高；然而，土体加固程度越高加固效果越好，在动载荷作用下其地面峰值加速度放大效应也更显著。因此实际应用中需综合考虑土体抗液化性能的提高和地面加速度的放大确定合理的加固程度。程晓辉等 [64] 开展了微生物加固石英砂的振动台模型试验，从模型尺度上验证了 MICP 加固液化砂土地基的可行性和适用性。Sasaki 和 Kuwano[65] 通过不排水循环三轴试验研究了不同非塑性粉粒含量下 MICP 加固土的动力特性，试验结果表明虽然 MICP 可提高砂土的抗液化能力，但是非塑性粉粒含量会弱化 MICP 的固化效果，甚至出现加固后的抗液化性能与加固前无差别的现象，说明在开展微生物加固抗液化处理时，粉粒含量是需要考虑的重要因素。MICP 处理后试样的刚度也是影响动力强度的重要因素，如 Feng 和 Montoya[66] 通过对碳酸钙含量相同但剪切波速不同的两组 MICP 加固砂土试样进行动三轴试验，得到剪切波速大的试样具有更好抗液化性能的结论。相较石英砂，钙质砂易碎、多孔更易发生液化，刘汉龙等 [67,68] 开展了 MICP 加固钙质砂的动三轴试验，系统研究了不同加固程度和不同动应力水平下 MICP 加固试样的动变形、动强度、有效应力路径的发展规律及动孔压演化规律，结果表明钙质砂经 MICP 加固处理后试样孔隙水压力的发展趋势与密砂类似，试样的动强度和抵抗变形的能力均得到提高，并且随着加固程度的提高钙质砂的抗液化特性得到进一步改善。Xiao 等 [69,70] 通过一系列不排水动三轴试验研究了不同加固程度、不同围压、不同循环应力比对 MICP 加固钙质砂的抗液化性能的影响，试验结果表明随着碳酸钙含量的增加，孔压响应表现出更大的局部稳定性；围压的增大会导致 MICP 加固钙质砂抗液化性能的降低，循环剪切应力的增加导致液化循环周期的降低，但液化循环次数会随着加固程度的提高而增加，说明 MICP 加固可显著降低钙质砂的液化势。

在防渗方面，MICP 应用的最早设想出现在石油开采行业。Ferris 等 [71] 提出利用 MICP 技术封堵岩石裂隙，降低油田砂岩储层的渗透性，防止石油残留砂岩孔隙中从而提高了原油采收率。Cuthbert 等 [72] 在废弃油井中开展了微生物胶结破碎英安岩地层现场试验，经过 4 天 8 次注浆后取样发现裂隙岩体中生成了大量碳酸钙。Phillips 等 [73] 采用常规油气采收设备对地下 340.8 m 深的砂岩裂隙进行封堵注浆，在注入 6 次微生物溶液和 24 次反应液后，岩体的可注性降低了一个数量级，并且出现明显的井内压力降回升，由处理前压力降低减少至 7% 左右。通过重复压裂试验测得微生物处理后岩体的劈裂强度出现了提高，对岩芯试样进行 CT 分析表明碳酸钙的生成范围大于 1.8 m。

在抗侵蚀方面，MICP 技术主要针对风蚀和水蚀两方面。对于抗风蚀处理，喷洒法是进行 MICP 加固的最主要方式。Gomez 等 [74] 开展了微生物风沙治理现场试验，将细菌和反应液混合后喷洒在地基表面，经过 20 天的处理，加固深度可达 28 cm，硬壳层的厚度接近 3 cm。试验分析了反应液浓度对加固的影响，结果表明低浓度尿素和氯化钙溶液较易形成硬壳，处理后的微生物加固层具备良好的耐久性，强度在严冬过后仅有中度的损失。Fattahi 等 [75] 将 *Bacillus megaterium* 混合培养基、黄原胶和醋酸钙混合后喷洒在风积砂表面，形成了 2 cm 左右厚的硬壳，风积砂的侵蚀系数降低了 2~4 个数量级，极大提高了抗风蚀能力。Chen 等 [76] 通过试验表明即便经历 12 天的冻融循环，MICP 加固砂土的最大抗风速率仍能达到 33 m/s。Maleki 等 [77] 也利用风洞试验证明了 MICP 技术可用于改善砂土的抗风蚀能力。李驰等 [78,79] 研究了沙漠环境下 MICP 加固砂土的耐久性，结果表明 MICP 技术可用于固化极端沙漠环境下的风沙土。此外，李驰等 [80] 还从沙漠土壤中提取了葡萄球菌，并将其和巴氏生孢八叠球菌联合在沙漠表面形成微生物矿化覆膜。试验表明处理 7 天后覆膜平均厚度可达 2.5 cm，经过 210 天后覆膜表面强度最低仅减少了 2%，证实了微生物覆膜处理在风沙侵蚀防治方面的应用前景。Naeimi 和 Chu[81] 比较了传统和生物固化扬尘处理效果，研究结果表明生物固化方法较传统法消耗的材料更少并且具有良好的环境相容性。水蚀包括内部渗透侵蚀和表面侵蚀两种。对于内部侵蚀，Jiang 等 [82,83] 通过开展模型试验研究了 MICP 处理砂–高岭土及砾石–砂混合土样的抗渗透侵蚀性能，通过对流出物中的高岭土或砂进行定量分析，得到不同处理程度和水头下试样的侵蚀速率，结果表明 MICP 加固能够降低由渗透导致的颗粒侵蚀及体积收缩，并提出生成的碳酸钙通过吸收/包裹细颗粒、增大细颗粒与粗颗粒间的接触连接来提高试样的抗侵蚀性。表面侵蚀防治采用的 MICP 加固方法与微生物抗风蚀处理类似，即通过在表面形成硬壳层达到抗表面冲刷侵蚀的目的。典型的表面侵蚀包括土石坝的漫顶破坏，刘璐等 [84] 开展了模型土石坝微生物加固水槽试验，研究了 MICP 处理后堤坝模型抵抗漫顶破坏的能力。通过在坝顶喷洒微生物和钙离子尿素混合溶液，在模型坝表层形成 20~30 mm 的外壳。试验表明未处理的模型土石坝在漫顶冲刷 15 s 内出现严重溃坝，而经 MICP 处理后的模型土石坝可以较好地抵抗漫顶冲刷侵蚀，在连续多天以 10 cm/s 的流速冲刷下，MICP 模型土石坝的整体性依然完好。Clarà Saracho 等 [85] 从剪切速率、侵蚀度、无量纲侵蚀率、碳酸钙晶体大小分布等方面系统研究了微生物加固粗–细双层土的表面侵蚀特性，并得出微生物加固抗侵蚀的效果主要和碳酸钙含量及其微观结构有关，碳酸钙晶体越大侵蚀系数越低。说明了微生物胶结技术在表层抗冲刷侵蚀方面具有较好的工程应用价值。

在建筑修复方面，MICP 技术主要潜在应用领域为混凝土裂缝修复和石质文物/古建筑修复两方面。对于混凝土裂缝修复，Ramakrishnan 等 [86] 率先提出基于 MICP 的水泥基材料裂缝修复技术，利用巴氏芽孢八叠球菌在混凝土表面覆盖碳酸钙层防止空气、水分进入混凝土内部对钢筋产生锈蚀，从而提高混凝土建筑的耐酸碱、抗干缩及冻融性能。De Muynck 等 [87] 开展了不同孔隙率砂浆的 MICP 加固试验，测定了 MICP 加固砂浆体的吸水率、碳化速率和氯离子迁移率，结果表明较处理前试样的吸水率减少了 65%～90%，碳化速率降低了 25%～30%，氯离子迁移率降低了 10%～40%。王瑞兴等 [88,89] 将 MICP 技术应用于水泥基材料缺陷修复，对比研究了浸泡、喷涂、固载涂刷等多种微生物覆膜工艺，结果表明琼脂固载菌株涂刷工艺修复效果最佳，3 天内可在水泥石表面原位矿化出厚度为 100 μm 的碳酸钙沉淀。针对微生物不易在混凝土表面或孔隙中存留，研究者提出各种微生物固载提高微生物的存留率，如 Bang 等 [90] 提出加入聚氨酯、烧结多孔玻璃屑等固载剂，并通过试验证实了添加固载剂可有效提高修复试样的抗压强度。虽然微生物对混凝土裂缝具有较好的修复效果，但是传统的针对裂缝的修复方法并不适用于现场应用。为此人们提出了基于微生物加固的自修复混凝土技术，即：制备混凝土时在掺入微生物芽孢和微生物培养基，当混凝土出现裂缝，空气中的氧气和水分由裂缝进入混凝土内部，微生物芽孢被激活生成碳酸根，与混凝土中的钙离子生成碳酸钙沉淀充填裂缝，从而实现混凝土的自我修复 [34]。自修复混凝土技术极大提高了 MICP 修复的施工性能，有望率先在混凝土工程中得到应用。钱春香等 [91-93] 从矿化产物、初始 pH 值、氧气、底物等方面较为系统地研究了自修复混凝土的工作机理和修复效果。针对石质文物，李沛豪和屈文俊 [94] 通过扫描电镜、压汞、X 射线衍射、超声波等试验对微生物诱导碳酸钙沉淀在大理石基材表层形成的固化层进行了研究，结果表明利用 MICP 过程生成的矿化层与基材可以形成有效粘结，可对大理石表层结构形成有效保护。竹文坤等 [95] 采用浸泡法和涂覆法在石质材料表面进行 MICP 覆膜试验，并对矿化覆膜进行了各项材料性能测试，试验结果表明微生物诱导生成的碳酸钙矿化膜具有良好的抗腐蚀性、耐热性、抗冻性、耐久性，可用于石质文物表层的加固保护。杨钻等 [20] 系统研究了影响微生物砂浆的力学性能、材料性能，提出了高强度微生物砂浆的制备方法，在此基础上提出将 MICP 技术应用于砖石砌体文物建筑加固，尝试将 MICP 技术用于清华大学损伤花岗岩石栏，以及布达拉宫外墙空鼓修复。

在污染土治理方面，MICP 技术主要通过共沉淀、包裹等作用处理土壤中游离的重金属离子。Fujita 等 [96] 利用细菌生成方解石矿物，与地下水中的 ^{90}Sr 形成共沉淀，修复被 ^{90}Sr 污染的地下水。Achal 等 [97-100] 研究了 MICP 技术修复 Pb、As、Sr、Cr 污染土的能力，结果表明，MICP 技术通过形成不溶性碳酸盐可有效修复土壤中的可溶性重金属，如土壤中可交换态 Pb 浓度可减少 83.4%；利用芽孢八叠球菌修复被 As(Ⅲ) 污染的土壤，可将溶解态 As(Ⅲ) 含量从 500 mg/kg 降至 0.88 mg/kg。Li 等 [101] 利用 MICP 技术固化处理重金属，结果表明重金属污染物包括 Ni、Cu、Pb、Zn、Co、Cd 均可以被脲酶催化反应产生沉淀，并且产脲酶微生物对重金属的去除率高达 88%~99%。Zhu 等[102] 验证了 MICP 对纳米颗粒 CdS 具备较好的处理性能。Fang 等[103] 提出向 Cd 污染溶液中加入 Ca^{2+} 提高 *Sporosarcina pasteurii* 对 Cd 的耐受性，采用该方法即使 Cd 初始浓度为 50 mM，去除率仍可达 99.6%，进一步证实了 MICP 用于实际工程的可行性。目前 MICP 技术治理污染土仍处于室内试验阶段，暂无大型现场试验相关报道。

第 2 章　微生物土微观机理

2.1　微生物诱导矿化原理

　　微生物加固技术是指利用自然界中广泛存在的微生物，通过其自身的新陈代谢作用与环境中其他物质发生一系列生物化学反应，吸收、转化、清除或降解环境中的某些物质，通过生物过程诱导形成碳酸盐、硫酸盐等矿物沉淀，从而改善土体的物理力学及工程性质，实现环境净化、土壤修复、地基处理等目的的一种生物矿化技术。其作用方式主要涉及的反应类型包括氧化还原作用、基团转移作用、水解作用以及酯化、缩合、氨化、乙酰化等 [104]。微生物诱导碳酸钙沉淀是自然界普遍存在的一种微生物诱导矿化作用，其中碳酸盐的析出主要依赖于微生物新陈代谢活动产生的碳酸根离子、碱性条件以及环境中存在的金属离子，这一过程中不同代谢类型的微生物通过不同的生物诱导矿化方式诱导生成各类矿化产物。其中，基于尿素水解的微生物诱导碳酸钙沉积 (MICP) 技术由于其反应机制简单，反应过程易控制，且在短时间内能够产生大量的碳酸根，具有较强的环境适应性等优点，成为微生物土的研究重点 [105−107]。

　　目前，该技术主要采用大量分布于土壤或水环境中的高产脲酶嗜碱性芽孢杆菌，如巴氏生孢八叠球菌 (*Sporosarcina pasteurii*, DSMZ33, ATC5199, 曾用名 *Bacillus pasteurii*[108])。这类细菌无毒无害，具有很强的环境适应性，在酸碱及高盐等恶劣土壤环境中也具有较强的生物活性，其生物机制是通过自身的代谢活动产生大量高活性脲酶，以环境中的尿素为氮源，从而将尿素水解生成铵根离子和碳酸根离子。脲酶催化作用的过程首先是脲酶破坏尿素的共价键，随后其活性中心与尿素底物分子之间通过氢键、离子键、疏水键等短程非共价力作用来生成脲酶–尿素反应中间物 [109]。脲酶菌诱导碳酸盐结晶的主要方程式为公式 (2-1)～ 公式 (2-5)[110]：

$$CO\,(NH_2)_2 + 2H_2O \rightarrow H_2CO_3 + 2NH_3 \tag{2-1}$$

$$H_2O + NH_3 \leftrightarrow NH_4^+ + OH^- \tag{2-2}$$

$$H_2CO_3 \rightarrow H^+ + HCO_3^- \tag{2-3}$$

$$HCO_3^- + H^+ + 2OH^- \leftrightarrow CO_3^{2-} + 2H_2O \tag{2-4}$$

$$Ca^{2+} + CO_3^{2-} \leftrightarrow CaCO_3 \downarrow \tag{2-5}$$

以细菌巴氏生孢八叠球菌为例,该细菌分泌的脲酶主要为胞内酶,胞内脲酶水解尿素的过程主要分为以下步骤[111]：① 环境溶液中的尿素透过细胞膜进入细胞内；② 尿素在胞内脲酶的作用下水解成 NH_4^+ 和 CO_3^{2-},细胞内 pH 值也随之提高；③ 胞内的 NH_4^+ 和 CO_3^{2-} 不断累积且细胞膜内外形成浓度差,因此 NH_4^+ 和 CO_3^{2-} 不断被排出细胞体外,并导致细胞膜电位增加；④ 由于细胞膜电位不断增加使得 NH_4^+ 在电离形成 NH_3 和 H^+ 之间寻求动态平衡,脲酶水解形成的 NH_4^+ 和 CO_3^{2-} 也不断排出到溶液环境中,此时环境中的 pH 值也随着 NH_4^+ 浓度的累积而提高。整个过程中脲酶始终在细胞体内,而尿素底物和水解产物通过跨膜运输不断完成细胞内外物质和能量的交换。

目前普遍认为,在 MICP 反应过程中脲酶菌主要起两个作用：① 为碳酸盐的沉积结晶提供成核点；② 通过新陈代谢分泌高效脲酶并水解尿素,从而提高环境 pH 值[113,114]。其 MICP 沉淀示意图如图 2-1(a)~(d) 所示。近年来,也有学者就脲酶菌第一个作用提出了不同观点,Zhang 等[115] 通过微观试验发现,碳酸

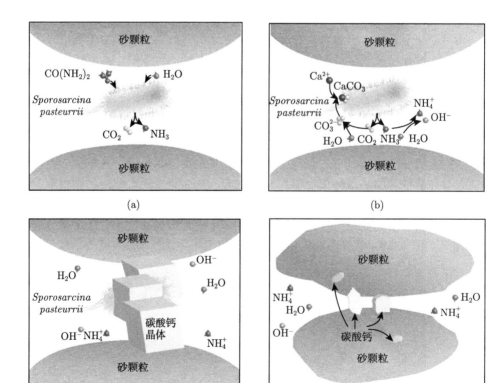

(a)   (b)

(c)   (d)

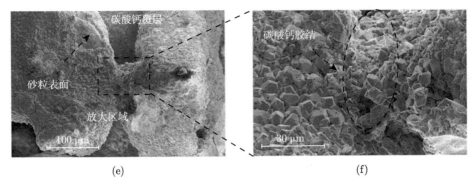

图 2-1   MICP 加固机理效果图[112]

(a)~(d) MICP 反应过程示意图；(e) 微生物固化砂土微观表征图；(f) 微观局部放大图

钙并非围绕着细菌生长，在反应过程中，碳酸钙首先在溶液中生成，随后细菌向碳酸钙结晶靠拢并被吸附在晶体表面。但是，不论细菌本身是否作为碳酸盐矿化的成核点，碳酸钙在结晶过程中均可在细胞表面堆积生长沉淀[116]；随着碳酸钙结晶生长，成核点上的细菌逐渐被结晶包裹，失去营养物质供给后渐渐死亡[117]。

2.2 MICP 加固方法

2.2.1 两相法 MICP 加固方法

目前最常用的 MICP 砂柱加固试样方法为两相法加固。2004 年 Whiffin[111] 最早提出利用巴氏生孢八叠球菌对砂土进行固化以实现增强砂土力学强度的目的，但该方法加固的试样均匀性很差，且易在灌浆口堵塞。在此基础上，DeJong[41]、Qian[118]、Cheng[119,120] 等采用改变灌浆手段、添加固定剂、调节注浆压力等方式对 MICP 加固砂柱工艺进行了改良，以期得到加固效果更均匀的试样。

传统两相法 MICP 加固砂柱试样的加固过程示意图如图 2-2 所示。

两相法 MICP 加固砂柱试验的具体步骤如下：(1) 提前制备好适宜浓度的反应液 (CS) 以及较高活性的菌液 (BS)；(2) 准备好蠕动泵、砂柱试样、软管、锥形瓶、烧杯、铁架台等设备；(3) 按试验设计的级配和密实度制备标准砂柱试样；(4) 打开 B1、B4、B6 阀门，利用蠕动泵从试样底端以固定速度灌入去离子水并完成试样的初始饱和，结束后关闭所有阀门；(5) 完成初始饱和后打开 B3、B4、B6 阀门，从试样底端等速灌入约 1.2 倍砂样孔隙体积的细菌菌液，此时多余废液从试样上端经阀 B6 排出，菌液灌注结束后关闭所有阀门并静置一段时间使细菌充分附着在砂土孔隙间；(6) 打开阀门 B2、B5、B7 和蠕动泵，从试样顶端等速灌入约 2 倍孔隙体积的反应液，此时多余废液从试样底端经阀 B5 排出，灌浆结束后关闭所有阀门及蠕动泵，将砂柱在 26 ℃ 环境内静置一段时间使 MICP 过程

充分反应，此时即为完成一次 MICP 加固；(7) 根据试验方案重复步骤 (5) 和 (6)
若干次，以达到所需要的加固次数；(8) 完成 MICP 加固后，从试样顶部泵送大
于 5 倍孔隙体积的清水对砂柱进行清洗，以除掉试样内部残余的反应液。需要说
明的是，步骤 (6) 过程中需调节阀门 B5，使得砂样始终处于饱和状。

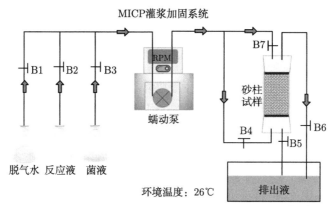

图 2-2　两相法 MICP 灌浆系统及加固过程示意图[110]

2.2.2　pH 法 MICP 加固方法

Cheng 等[120] 研究发现，适当调低环境 pH 值可以有效抑制细菌的活性，减
缓细菌代谢，溶液中的脲酶含量会相应较低，此时若将反应液和菌液混合，则不
会立刻产生碳酸钙沉淀，利用该方法得到的混合液可以保持不产生碳酸钙絮凝状
态 35 min；且当脲酶浓度越低，pH 法延缓碳酸钙生成的有效时间越长。

pH 法 MICP 灌浆系统及加固过程如图 2-3 所示。

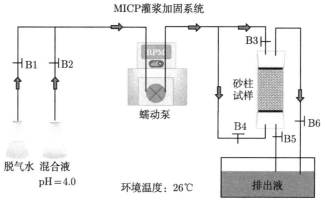

图 2-3　pH 法 MICP 灌浆系统及加固过程示意图[110]

pH 法 MICP 加固砂柱试验的具体步骤如下：(1) 提前制备好适宜浓度的反应液以及较高活性的菌液；(2) 准备好蠕动泵、砂柱试样、软管、锥形瓶、烧杯、铁架台等设备；(3) 按试验设计的级配和密实度制备标准砂柱试样；(4) 打开 B1、B4、B6 阀门，利用蠕动泵从试样底端以固定速度灌入去离子水并完成试样的初始饱和，结束后关闭所有阀门；(5) 分别制备体积比为 1:5 的菌液和反应液，将菌液的 pH 值调节为 4.0 后混合搅拌两种溶液，得到混合液 (MS)；(6) 打开阀门 B2、B3、B5 和蠕动泵，从试样一端等速灌入 2 倍多孔隙体积的混合液，使混合液充分置换试样孔隙体积内原有的去离子水，灌浆完成后关闭所有阀门，砂柱试样置于 26 ℃ 的环境温度下养护 12 h 待 MICP 过程充分反应，此时即为完成一次 MICP 加固，过程中需调节阀门 B5，使得砂样始终处于饱和状态；(7) 根据试验方案重复步骤 (5) 和 (6) 若干次，以达到所需的加固效果；(8) 完成 MICP 加固后，从试样顶部泵送大于 5 倍孔隙体积的清水对砂柱进行清洗，以除掉试样内部残余的反应液。

2.2.3　MICP 加固的影响因素

MICP 加固是一个复杂的生物化学过程，反应条件会对加固效果造成较大影响。近年来国内外学者对 MICP 加固效果的影响因素开展了深入研究，结果表明：pH、温度、菌液浓度及其酶活性、反应液浓度、加固方法、土体物理参数等因素均对土体加固效果有着重要影响。

Whiffin[111] 系统研究了反应溶液中高浓度尿素、Ca^{2+}、NH_4^+/NH_3 等环境因素对巴氏生孢八叠球菌脲酶活性的影响，发现其潜在的脲酶活性值可高达 29 mM 尿素/min/OD，且溶液 pH 值为 9.25 时最适宜细菌生长；该细菌环境适应力强，在 3M 尿素和 2M 钙离子浓度的溶液中仍能存活，且尿素水解效率在 3 M NH_4^+/NH_3 内均不受影响。Bachmeier 等 [121] 研究了 pH、镍离子、钙离子浓度、链霉蛋白酶等因素对细菌脲酶活性的影响。Cacchio 等 [122] 从自然环境中分离出了 31 种钙化细菌，并研究了在 4 ℃、22 ℃、32 ℃ 不同培养温度条件下细菌生成碳酸钙的能力，以及生成的碳酸钙晶体类型。Rebata-Landa[123] 研究了湿度、温度、氧气、酸碱度、光辐射、氧化还原电位等因素对细菌的影响。Okwadha 和 Li[124] 研究了微生物类型、微生物细胞浓度、反应温度、尿素浓度和钙离子浓度等对微生物诱导碳酸钙沉淀性质的影响。王瑞兴 [125]、钱春香等 [126,127] 研究了碳酸盐矿化菌的生理生化特性、个体生长特征、群体生长与繁殖规律等，以及微生物沉积碳酸钙过程中的 pH、温度、培养基、钙源、钙离子浓度等条件对碳酸钙结晶的晶型、晶粒尺寸、形貌的影响。研究表明：该菌种生长繁殖较快，最适生长条件为 pH~8.0，但其在强碱环境中依然具有较强的生命活力。黄琰、罗学刚等 [128] 研究了培养基 Ca^{2+} 浓度、温度、pH 值、细菌浓度、不同粒度的混合介质，以及促进剂对巴氏生孢八叠球菌诱导碳酸钙沉淀的产量的影响程度和趋势。

Mortensen 等 [129] 研究了环境因素对巴氏生孢八叠球菌的生长代谢及其诱导矿物沉淀效果的影响,包括海水淡水环境、铵浓度、氧气利用率、活细胞和裂解细胞的脲酶活性等可能影响细菌脲酶活性的环境条件,以及处理配方、注浆速率、土体颗粒特性等影响土体胶结均匀分布的加固条件,研究结果表明:MICP 在常见的环境下以及大多数类型的土体中均可以发生。Al Qabany 和 Soga [28,130] 通过试验研究了反应液浓度、灌浆速率、反应时间等因素对微生物诱导碳酸钙沉淀效率的影响,探讨了在开放环境中微生物诱导碳酸钙沉淀的工艺优化及有效控制,结果表明:当灌浆 (尿素和 $CaCl_2$) 速率为 $0.042\,\mathrm{mol/L/h}$,细菌密度 (OD_{600}) 在 $0.8 \sim 1.2$,反应液浓度小于 1 M 的情况下,MICP 反应效率较高且生成的碳酸钙结晶量不受反应液浓度的影响,但反应液浓度会对孔隙中沉淀的分布造成影响。Cheng 等 [18,131,132] 研究了温度、海洋环境、油污染、冻融循环等环境因素对 MICP 加固土体效果的影响。荣辉、钱春香等 [133,134] 研究了不同浓度的镁添加剂对微生物水泥性能的影响。赵茜等 [135,136] 研究了细菌浓度、反应液浓度、反应时间、砂土类型,以及养护条件对 MICP 固化土体效果的影响。方祥位等 [137−139] 研究了菌液脲酶活性、溶液盐度、底物溶液配比等因素对微生物固化珊瑚砂效果的影响。王绪明等 [140] 研究了营养盐浓度对 MICP 胶结砂土效果的影响,试验结果表明:在相同的注浆量和反应时间下,随着营养盐浓度的增加,MICP 胶结砂土的强度变化呈 “凸” 字形态,其中,使用 0.5 M 浓度的浆液加固试样生成的碳酸钙晶体含量较多且分布较好。彭劼等 [141,142] 研究了温度对细菌脲酶活性的影响,探究了水溶液及砂柱条件下 MICP 的加固效果。

Abo-El-Enein 等 [143] 研究了钙源种类对微生物固化土效果的影响,通过对比发现,将氯化钙作为钙源比采用醋酸钙或硝酸钙诱导生成的碳酸钙的结晶度和析出量更佳,且加固后的砂土强度提升得也更高。Achal 和 Pan [144] 通过测定细菌生长量、脲酶活性,方解石产量和溶液 pH 值来对比氯化钙、氧化钙、乙酸钙和硝酸钙几种钙源对 MICP 过程的影响,结果表明:氯化钙可以诱导生成较高含量的方解石。由于氯离子对钢筋具有腐蚀性,会显著影响钢筋混凝土的耐久性,Zhang 等 [115,145] 提出,在钢筋混凝土结构中使用 MICP 加固技术时可采用醋酸钙来代替氯化钙。考虑到环境影响和经济效益,Choi 等 [146] 采用鸡蛋壳作为钙源进行微生物固化砂土试验,试验结果表明:从鸡蛋壳中提取的钙源在 MICP 加固过程中与商业氯化钙具有相同的效果。Liu 等 [147] 将从钙质砂中提取出的游离钙作为钙源对钙质砂进行了 MICP 加固,试验结果表明:利用所提取出的游离钙来代替氯化钙进行 MICP 加固钙质砂是可行的。由于尿素水解产生的铵根离子会破坏混凝土材料、引起环境问题,Kaur 等 [148] 还提出了可以利用二氧化碳来代替尿素用于 MICP 加固技术。

2.3 微生物诱导矿物分布

扫描电镜 (SEM) 等观测手段给研究者们提供了直接观察土颗粒间形成碳酸钙胶结的可能性，并为解释 MICP 固化土体的加固机理提供了强有力的证据。De-Jong 等 [53] 对孔隙空间中 CaCO₃ 沉淀的分布进行了详细描述，如图 2-4 所示，微生物诱导生成的碳酸钙沉淀在土颗粒周围孔隙空间中可能出现两种极端分布情况：

图 2-4 碳酸钙在砂土孔隙中的分布示意图 [53]

(1) "均匀" 分布：是指碳酸钙沉淀在土颗粒周围的厚度相等，此时碳酸钙在土颗粒间的胶结作用相对较小，可以预料到土体工程性质 (除土体致密外) 不会发生明显改变。

(2) "优先" 分布是指碳酸钙沉淀只分布在颗粒与颗粒间的接触处，这是工程上所需的空间分布，所有的碳酸钙沉淀直接影响着土体工程性质的改善。

扫描电镜分析和 X 射线计算机断层图像揭示了这两种碳酸钙沉淀的极端分布的平衡才是矿物的 "实际" 分布。从土体改良的角度来看，碳酸钙沉淀主要分布在颗粒与颗粒接触的附近，微生物矿物分布主要受生物特性和过滤过程控制，生物特性主要是指微生物通常倾向于远离暴露的颗粒表面，而更倾向于吸附在较小表面处，如颗粒与颗粒接触的附近，而该区域因为存在较高浓度的微生物导致微生物诱导生成的碳酸钙沉淀也较多；过滤过程是指在孔隙流体或颗粒表面其他位置沉淀的碳酸钙在跟随溶液流过孔喉时更倾向于吸附滞留在颗粒间接触的附近，导致该区域沉积的碳酸钙较多。Sham 等 [149] 利用核磁共振 (NMR) 研究了经 MICP 加固后的多孔介质结构。荣辉等 [150-152] 利用热重分析 (TG)、红外光谱 (IR)、X 射线光电子能谱 (XPS)、NMR 等仪器揭示了微生物水泥胶结松散砂颗粒的机理和胶结物微观结构的演变过程。Terzis 和 Laloui[153] 采用了一种通过显微 CT 分析和后续的三维体数据重建的新方法，对微生物诱导生成的碳酸钙沉淀与砂粒之间的关键接触面积进行了评估。

2.4　微生物诱导矿物成分表征

X 射线衍射 (X-ray diffraction，XRD) 是研究物质物相的主要方法。如图 2-5 所示仪器是日本理学电机公司生产的 Rigaku D/max 2500 PC 型 X 射线衍射仪。

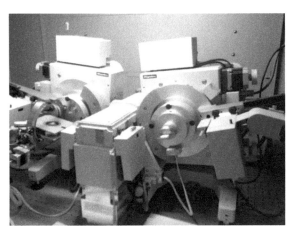

图 2-5　X 射线衍射仪 [154]

以微生物加固钙质砂试验为例，使用 XRD 对钙质砂经 MICP 加固前后的矿物成分变化、不同钙源对 MICP 加固钙质砂的矿物成分影响进行探究，首先将未加固钙质砂、MICP 加固钙质砂试样以及不同钙源 MICP 加固钙质砂试样经无侧限抗压试验后试样的内部碎块制备成粉末样品，仪器选择以下测试条件：Cu 靶，Kα 射线，管电压 40 kV，管电流 150 mA，扫描速度 4°/min，步长 $2\theta = 0.01°$，扫描角度 (2θ) 范围 10° ∼ 70°。将待测粉末压制在衍射仪专用玻璃样品板上后放入样品架进行测试。试验结束后，使用 Jade 6.5 软件对 XRD 试验结果进行分析。

1) 钙质砂的物相分析

采用 XRD 技术对钙质砂粉末试样进行矿物成分分析，得到的钙质砂的 XRD 图谱如图 2-6(a) 所示。采用 Jade 6.5 软件，将钙质砂的 XRD 图谱与标准数据库中的 PDF 卡片对照进行物相分析，可以确定试验钙质砂的主要矿物成分为文石。

2) MICP 加固钙质砂的物相分析

钙质砂与微生物诱导生成的结晶均为碳酸钙，碳酸钙有多种结晶形态，常见的晶型有方解石、文石、球霰石三种。为研究 MICP 加固前后钙质砂试样的物相是否发生变化，对典型 MICP 加固钙质砂试样开展 XRD，结果如图 2-6(b) 所示。与未加固钙质砂的 XRD 图谱相比，经 MICP 加固处理后的钙质砂试样生成了新的结晶矿物——方解石，说明微生物诱导生成的碳酸钙结晶为方解石，这与

DeJong[155]、Cheng[18]、Chu[156]、Feng 等 [47] 的研究成果一致。

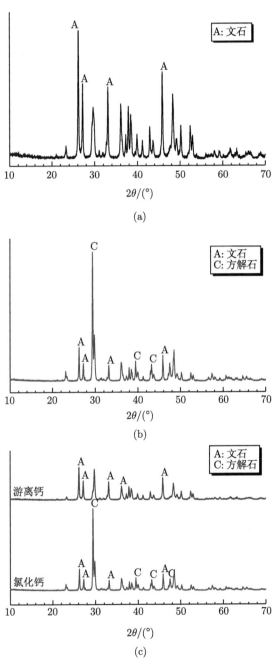

(a)

(b)

(c)

图 2-6　试样的 XRD 图谱 [154]

(a) 钙质砂的 XRD 图谱；(b)MICP 加固钙质砂的 XRD 图谱；(c) 不同钙源加固钙质砂试样的 XRD 图谱

3) 不同钙源加固钙质砂的物相分析

对采用氯化钙和从钙质砂中提取的游离钙进行 MICP 加固的钙质砂试样进行物相分析，加固试样的 XRD 图如图 2-6(c) 所示，当钙源为游离钙时加固试样的晶相主要为文石，而采用氯化钙加固的试样其晶相为文石和方解石。已知钙质砂的主要矿物成分为文石，则用游离钙进行微生物加固得到的碳酸钙晶体为文石，而利用氯化钙生成的碳酸钙沉淀主要为方解石。

大多数基于尿素水解的 MICP 研究表明，使用氯化钙作为 MICP 反应的钙源所诱导生成的碳酸钙晶体的主要矿物成分为方解石 [44,47,106,130,155,157]。van Paassen[158] 研究发现，在较高的水解率条件下也生成了球形的霰石，但霰石为亚稳相，热稳定性较差，倾向于转化为更为稳定的方解石晶体 [159]。另外，van Paassen[158] 在研究中还指出：土壤钙化或经 MICP 处理过一次后的环境更利于方解石生长，这同样说明了使用氯化钙作为钙源进行 MICP 反应生成的沉淀是以方解石为主。此外，Berner[160] 指出在镁离子存在的条件下更有利于文石的形成而不是生成稳定态的方解石。钙质砂中含有镁，因此使用从钙质砂中提取的游离钙进行 MICP 加固得到的碳酸钙晶体为文石。

2.5 微生物诱导矿化微观结构

扫描电子显微镜 (scanning electron microscope，SEM)，是用于观察和分析样品微观形貌的有效方法之一，采用 Zeiss Auriga 聚焦离子束场发射扫描双束电镜和 JEOL JSM-7800F 场发射扫描电镜对钙质砂和不同 MICP 加固程度钙质砂试样的微观结构进行观测，仪器如图 2-7(a) 和 (b) 所示。

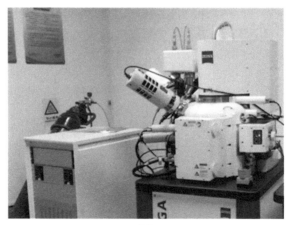

(a)

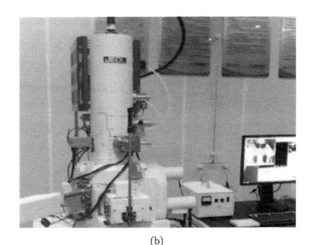

(b)

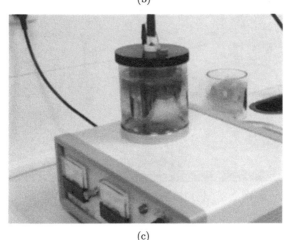

(c)

图 2-7　试验仪器 [154]

(a) Zeiss Auriga 聚焦离子束场发射扫描双束电镜；(b) JEOL JSM-7800F 场发射扫描电镜；(c) KYKY

SBC-12 小型离子溅射仪

SEM 需要在高真空度条件下工作，试样潮湿会影响电子枪内的真空度从而降低成像的清晰度，因此测试样品需保持干燥。将待测试样放入 60 ℃ 烘箱内烘干，然后用小锤击碎试样，用镊子选取断面较为平整且具有代表性的小试块放在粘有导电胶的金属底座上，最后采用 KYKY SBC-12 小型离子溅射仪对样品镀覆导电膜 (金膜)，以增强土体试样的导电性能，消除荷电现象，使图像信噪比增强，便于清晰地观察试样表面微观形貌。喷金过程如图 2-7(c) 所示。将制备好的试样连同底座一起放入离子溅射仪的真空腔室内，打开真空泵抽真空直到真空腔内达到要求的真空度，再开启喷金开关对试样表层进行喷金。为使喷涂层均匀，喷金分 6 次进行，每次 10 s。

1) 钙质砂的微观形貌

对未加固的松散钙质砂进行 SEM 试验，结果如图 2-8 所示。从图中可以看出：钙质砂颗粒有块状、片状、棱角状等，形状不规则，颗粒表面凹凸不平，粗糙度较高，并且分布有大量不均匀的内孔隙，这是钙质砂高摩擦角、高孔隙比的内在原因。与普通陆源砂 (石英砂、硅砂) 相比，钙质砂棱角突出，会加强颗粒间的咬合作用从而提高钙质砂的内摩擦角，因此钙质砂的内摩擦角通常都高于硅砂；并且钙质砂的表面粗糙度高，含有大量的孔隙，与表面较为光滑的石英砂相比，更有利于细菌的吸附以及微生物诱导碳酸钙沉淀的附着。

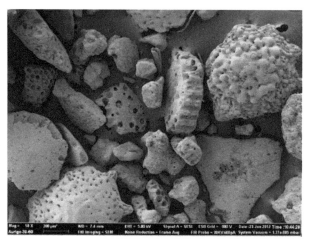

图 2-8   钙质砂的扫描电镜图片 (×50)[154]

2) MICP 加固钙质砂的微观形貌

选取典型的微生物加固钙质砂试样进行 SEM 试验，以研究不同加固程度条件下试样的微观形貌，以及微生物诱导碳酸钙沉淀的分布与形态。图 2-9(a)~(l) 分别为 UC1 (1M 200 ml)、UC2 (1M 300 ml)、UC3 (1M 400 ml) UC4 (1M 500 ml) 四种加固程度条件下微生物加固钙质砂试样在 50、100、300 倍三种放大倍数下的 SEM 图片。从图 2-9 可以看出：(1) 微生物诱导生成的碳酸钙沉淀分布于钙质砂颗粒的表面及颗粒与颗粒间的接触点，主要为大小不一的菱面体，其中个别裸露的颗粒表面是由制样过程中碳酸钙脱落所致。分布于颗粒表面的碳酸钙沉淀对钙质砂颗粒形成了包裹并填充了颗粒间部分孔隙，导致试样的渗透性降低，但仍保持了良好的渗透性能。分布于颗粒与颗粒间接触位置的碳酸钙结晶将钙质砂颗粒胶结在一起，使其成为具有一定强度的整体，从而提高了试样的强度与刚度。(2) 从图 2-9(a)~(c) 中可以看出加固程度最低的 UC1 (1M 200 ml) 试样生成的菱形碳酸钙结晶最少，钙质砂颗粒表面并未被完全包裹，还可以看见颗粒明显的棱角和边界，颗粒间的孔隙较大，此时钙质砂颗粒与颗粒之间的粘结较弱，因此该试样的强度、刚度相对较低，并且渗透性较大。如图 2-9(d)~(f) 所示，随着加固程度的提升，UC2 (1M 300 ml) 试样中微生物诱导生成的碳酸钙结晶也随之增加并逐步包裹钙质砂颗粒，颗粒间孔隙减小，此时钙质砂颗粒仍可见相对明显的棱角和边界，颗粒间的粘结较 UC1 试样更强，因此 UC2 试样的强度、刚度较 UC1 试样更高，渗透系数更低。如图 2-9(g)~(i) 所示，随着反应液用量的增加，试样 UC3 (1M 400 ml) 中新生成的碳酸钙在原碳酸钙晶体上继续生长，逐步填

(a)　　　　　　　　　　　　　　(d)

(b)　　　　　　　　　　　　　　(e)

(c)　　　　　　　　　　　　　　(f)

图 2-9　不同加固程度钙质砂试样的扫描电镜图 [154]

(a) UC1(×50)；(b) UC1(×100)；(c) UC1(×300)；(d) UC2(×50)；(e) UC2(×100)；(f) UC2(×300)；(g)
UC3(×50)；(h) UC3(×100)；(i) UC3(×300)；(j) UC4(×50)；(k) UC4(×100)；(l) UC4(×300)

充钙质砂颗粒间的孔隙，砂颗粒与颗粒之间的连接更紧密，UC3 试样的强度与刚度随之增加，渗透性减小。如图 2-9(j)~(l) 所示，在试样 UC4 (1M 500 ml) 中，微生物不断诱导碳酸钙结晶生成，新生成的晶体在钙质砂颗粒表面不断累积、团聚，钙质砂颗粒间的棱角与边界越来越模糊，钙质砂颗粒与颗粒之间的粘结越来越牢固，此时 UC4 试样的强度与刚度有了明显的提升，相应地其渗透系数也更小。

不同反应液用量对微生物加固钙质砂试样的微观形貌产生影响，进而影响宏观的物理力学特性，即：微生物加固钙质砂试样的强度与刚度随着加固程度的提高而增大，渗透性则随着加固程度的提高而降低。

3) 不同钙源加固钙质砂的微观形貌

为对比不同钙源加固钙质砂的微观形貌，对使用氯化钙和游离钙进行钙质砂微生物加固的典型试样开展 SEM 试验。

如图 2-10 所示，其中图 2-10(a) 为游离钙加固的试样放大 500 倍时拍摄的照片，图 2-10(b) 为游离钙加固的试样放大 5000 倍时拍摄的照片，图 2-10(c) 为氯化钙加固的试样放大 500 倍时拍摄的照片，图 2-10(d) 为氯化钙加固的试样放大 5000 倍时拍摄的照片。从图中可以看出：(1) 两种钙源加固的试样的表面与钙质砂颗粒间接触处均生成了大量碳酸钙晶体，碳酸钙包裹着钙质砂颗粒，提高了砂颗粒与颗粒之间接触处的咬合作用，从而提高了试样的强度；(2) 图 2-10(b) 和 (d) 中可以看到，使用游离钙生成的碳酸钙晶体是针状的，而通过氯化钙生成的晶体是菱形的。碳酸钙常见的无水结晶相有方解石、文石、霰石三种。其中，方

图 2-10　不同钙源加固钙质砂试样的 SEM 图 [154]

(a) 游离钙 (×500)；(b) 游离钙 (×5000)；(c) 氯化钙 (×500)；(d) 氯化钙 (×5000)

解石的典型晶体结构为菱形,与图 2-10(d) 中使用氯化钙生成的碳酸钙晶体结构相似;文石典型的晶体结构为针状,与图 2- 10(b) 中使用游离钙生成的晶体结构相似。这与 2.4 节中的 XRD 检测结果一致。

2.6 本 章 小 结

本章主要对微生物矿化过程,传统 MICP 加固技术,微生物矿物分布、成分表征及微生物加固钙质砂的微观结构进行了介绍,所得主要结论如下:

(1) 首先阐述了微生物诱导碳酸钙沉积的反应机理,介绍了两相法、pH 法 MICP 加固技术,以及 MICP 加固的影响因素。

(2) 碳酸钙沉淀主要分布在颗粒与颗粒接触的附近,微生物矿物分布主要受生物特性和过滤过程控制,微生物通常倾向于远离暴露的颗粒表面,而更倾向于吸附在较小表面处;在孔隙流体或颗粒表面其他位置沉淀的碳酸钙在跟随溶液流过孔喉时更倾向于吸附滞留在颗粒间接触的附近。

(3) 使用氯化钙作为 MICP 反应的钙源诱导生成的碳酸钙晶体的主要矿物成分为菱形方解石;而使用从钙质砂中提取的游离钙进行 MICP 加固得到的碳酸钙晶体为针状文石。

(4) 微生物诱导生成的碳酸钙沉淀主要分布于钙质砂颗粒的表面及颗粒与颗粒间的接触点。分布于颗粒表面的碳酸钙对钙质砂颗粒形成了包裹并填充了颗粒间部分孔隙,导致试样的渗透性降低,但仍保持了良好的渗透性能;分布于颗粒与颗粒间接触位置的碳酸钙将钙质砂颗粒胶结在一起,使其成为具有一定强度的整体,从而提高了试样的强度与刚度。

(5) 随着加固程度的提高,试样中微生物诱导生成的碳酸钙结晶也随之增加并逐步包裹钙质砂颗粒,颗粒间孔隙减小,钙质砂颗粒间的棱角与边界越来越模糊,钙质砂颗粒与颗粒之间的粘结越来越紧密,对应到宏观的物理力学特性就是微生物加固钙质砂试样的强度与刚度随着加固程度的提高而增大,渗透性则随着加固程度的提高而降低。

第 3 章　微生物土抗压及抗拉变形与强度特性

3.1　概　述

土的强度特性和变形特性历来都是土力学中十分重要的研究课题，岩土工程中土体的稳定性、承载力和土压力计算等问题都与土的强度和变形密切相关。MICP 加固技术是通过微生物诱导生成的碳酸钙沉淀将松散砂颗粒胶结成整体，使其强度和刚度得以提高。土体的无侧限抗压强度和抗拉强度作为描述土体力学性质的重要指标，常用于表征 MICP 固化土的力学性能。因此，研究 MICP 固化土体抗压及抗拉变形与强度特性对于评估 MICP 固化体的加固效果具有重要的意义。

已有研究表明，MICP 加固可以显著提高土的无侧限抗压强度。van Paassen 等[161] 利用 MICP 加固大规模的硅砂地基，然后钻芯取样进行无侧限抗压试验，得到 MICP 加固硅砂的无侧限抗压强度与试样的干密度有着较好的指数关系。此外，van Paassen 等[16] 还通过原位剪切波速法和基于对钻取的试样进行无侧限抗压强度试验，得到的剪切模量说明 MICP 加固可以显著提高砂土的刚度。Chu 等[162] 试验结果表明 MICP 加固硅砂的无侧限抗压强度与其钙酸钙含量具有较好的线性相关性。Cheng 等[18] 对饱和度分别为 20%、40%、80% 和 100% 的 MICP 加固粗砂试样进行了无侧限抗压强度试验，发现无侧限抗压强度随碳酸钙含量的增加而呈指数增长趋势；当碳酸钙沉淀含量相同时，无侧限抗压强度随饱和度的提升而降低，并且当饱和度高于 80% 以上对无侧限抗压强度几乎没有影响。方祥位等[163] 利用 MICP 法对珊瑚砂进行了固化，得到的无侧限抗压强度最高可达到 14 MPa 左右，并且无侧限抗压强度是随干密度的增加而增大的。在 MICP 固化体的劈裂抗拉强度研究方面，Zhang 等[145] 研究发现微生物砂浆的劈裂抗拉强度与干密度之间呈指数增长关系。此外，Sharma 等[164,165] 对经过干湿循环和冻融循环的 MICP 固化试样进行了劈裂抗拉试验，发现试样的劈裂抗拉强度和碳酸钙含量之间成正相关关系，而干湿循环和冻融循环次数的增加将导致劈裂抗拉强度下降。

目前，国内外已有大量关于 MICP 加固石英砂/硅砂抗压强度和抗拉强度特性的研究，但关于钙质砂这方面特性的研究相对较少。因此，本章主要通过无侧限抗压试验、劈裂抗拉试验研究使用不同钙源加固的钙质砂的抗压及抗拉变形与强度特性，并与 MICP 加固石英砂/硅砂得到的相关变形与强度特性进行了对比分析。

3.2　无侧限抗压变形特性

3.2.1　试验方法

无侧限抗压试验采用 YSH-2 型无侧限压缩仪进行，该仪器为应变控制式，应变速率为 1 mm/min，试样尺寸为 $\Phi 40$ mm×80 mm，试验压力范围为 0~6 kN。试验过程中，在试样外侧套上一透明保护筒，在方便观察试样破坏过程的同时防止试样崩裂造成意外伤害。试验前先将加固好的试样置于水中浸泡 24 h，水面高度超出试样 3 cm，直到开展无侧限抗压试验时再取出。试验时每测试一个试样，就从水中取出一个试样，防止试样长时间暴露于空气中因水分散失而影响试样测试的准确度。另外，为确保试验测试的准确合理，需要事先将试样两端打磨平整。试验时顺时针转动手轮使底座下降，在试样的两端涂抹少量凡士林，将试样置于无侧限压缩仪底座的加压板上，注意试样中心的对中；逆时针转动手轮抬升底座，使试样与传感器上的上压盖接触，接触标准为显示器上的数字开始跳动，表明试样接触，再归零；套上保护筒，打开开关，仪器开始匀速上升，同时开始记录读数，直至试样破坏，显示器可自动记录峰值，可按显示数据计算强度。试验完成后，转动手轮，将试样底座降下，拆除已破坏的试样并注意收集，记录试样破坏后的形状。

3.2.2　应力–应变特性

通过不同钙源、不同加固程度下 MICP 加固钙质砂试样的无侧限抗压试验，得到的应力–应变曲线如图 3-1 所示。从图中可以看出 MICP 加固钙质砂试样的无侧限抗压试验应力–应变曲线大体分为四个阶段。第 1 阶段，MICP 加固钙质砂应力–应变曲线上凹，应力随应变缓慢增加，此阶段的应变主要包括孔洞及微小裂缝闭合、弹性变形，以及接触不良造成的应变，属于压密阶段。第 2 阶段，MICP 加固钙质砂应力–应变曲线近似线性的关系，应力随应变呈线性增长，并且随着加固程度的提高，曲线也越来越陡，属于弹性变形阶段。第 3 阶段，在接近峰值，大约 80 % 的应力峰值处，MICP 加固钙质砂应力–应变曲线偏离直线向下弯曲，直到达到峰值，此时应变的增长速度大于应力的增长速度，属于塑性变形阶段。第 4 阶段，达到应力峰值后，试样开裂，MICP 加固钙质砂应力–应变曲线迅速下降，属于破坏阶段。并且试样破坏后仍能维持一定的残余强度。

由于延性和韧性的降低，MICP 固化试样在遭受外力作用时会表现出脆性破坏的特征。为了解决这一问题，通常采取的措施是向土中掺入纤维。图 3-2 展示了玄武岩纤维–MICP 协同加固的试样在不同纤维含量和方解石含量下无侧限抗压试验的典型应力–应变曲线 [166]。由图 3-2(a) 可知，当纤维掺量 (C_{bf}) 为 0.4% 时，随着方解石含量 (C_{ca}) 从 11.8% 增加至 19.1%，试样的无侧限抗压强度从 0.62 MPa 提高到 3.03 MPa (4.9 倍)，与此同时试样的延性降低。从图 3-2(b) 可以看出，对于方解石含量为 11%~13% 的试样，当纤维掺量从 0% 增加到 0.8% 时，试样的无侧限抗压强度从 0.58 MPa 增加到 0.99 MPa (约 1.7 倍)，峰值强度对应的轴向应变也从 0.34% 增加到 2.76%(8.1 倍)，试样表现出较强的延性和韧性。掺加纤维不仅能提高土的无侧限抗压强度，还能使 MICP 固化试样具有良好的延性和韧性。

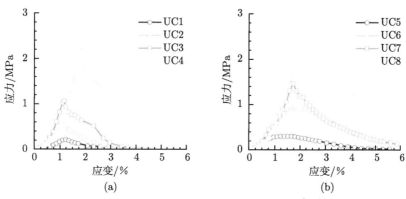

图 3-1　无侧限抗压试验的应力–应变曲线 [154]

(a) 氯化钙；(b) 游离钙

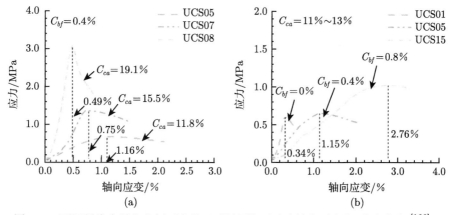

图 3-2　不同纤维含量和方解石含量下无侧限抗压试验的典型应力–应变曲线 [166]

(a) 方解石含量；(b) 纤维含量

3.2.3　变形模量

由于钙质砂本身富含碳酸钙，用酸洗法难以准确测定 MICP 加固钙质砂生成的碳酸钙含量，因此提出了适用于 MICP 加固钙质砂的加固因子 R_c，以此来表征试样的加固程度[167]：

$$R_c = \frac{V_c \cdot C/C_a}{V} \tag{3-1}$$

其中，V_c 为反应液的体积；C 为反应液的浓度；C_a 为 1 mol/L；V 为试样的体积。

典型的 MICP 加固钙质砂无侧限抗压试验的应力–应变曲线如图 3-3 所示，取达到应力峰值 50% 时的切线模量 E_{50u} 为 MICP 加固钙质砂试样的变形模量[167]，结果如表 3-1 所示。从表 3-1 中可以看出，随着加固程度的提高，MICP 加固钙质砂试样的切线模量在增大。变形模量越大，试样越不容易发生变形，即刚度越大。说明微生物加固可以有效提高钙质砂的刚度。

表 3-1　MICP 加固钙质砂无侧限抗压试验的切线模量[154]

试验编号	反应液配方	反应液用量 V_c/L	加固因子 R_c	加固后的干密度 ρ_d/(g/cm^3)	切线模量 E_{50u}/GPa
UC1		0.2	2	1.268	0.027
UC2	1M 氯化钙 +1M 尿素	0.3	3	1.367	0.053
UC3		0.4	4	1.489	0.107
UC4		0.5	5	1.586	0.220
UC5		0.2	2	1.297	0.042
UC6	1M 游离钙 +1M 尿素	0.3	3	1.414	0.072
UC7		0.4	4	1.519	0.119
UC8		0.5	5	1.597	0.213

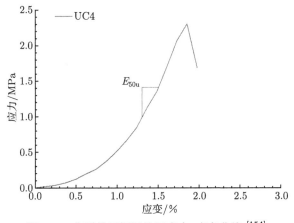

图 3-3　典型的无侧限抗压应力–应变曲线[154]

图 3-4(a) 给出了使用不同钙源时 MICP 加固钙质砂试样的切线模量随加固因子的变化图。从图中可以看出：(1) 微生物诱导碳酸钙沉淀加固钙质砂通过无侧限抗压试验得到的切线模量随加固因子的增加呈现指数增长趋势，这一结论与 Cheng 等 [18] 利用 MICP 法加固石英砂得到的结果一致。(2) 在反应液相同时，利用游离钙加固钙质砂的切线模量要高于氯化钙加固的试样。图 3-4(b) 展示了使用不同钙源时 MICP 加固钙质砂试样的切线模量与干密度的关系。对比图 3-4 (a)，可以看出切线模量与干密度的关系显示了更好的相关性。说明游离钙加固钙质砂试样具有更高的刚度是干密度较高的结果。

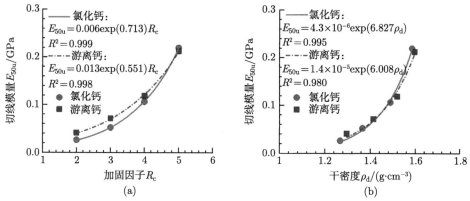

图 3-4　无侧限抗压试验的切线模量与加固因子和干密度的关系 [154]

(a) 加固因子；(b) 干密度

3.3　劈裂抗拉变形特性

3.3.1　试验方法

MICP 加固钙质砂试样的劈裂抗拉试验采用美特斯工业系统 (中国) 有限公司的 CMT5504 型微机控制电子万能试验机，最大试验力为 50 kN，精度为 ±0.5‰。试样采用圆柱体，直径为 40 mm，高度为 20 mm。测试时采用位移控制方式，加载速率为 0.05 mm/min。试验前先将加固好的试样置于水中浸泡 24 h，直至试验时取出。试验时先通过试样直径的两端，在试样的侧面沿轴线方向画两条加载基线，再将两根宽 4 mm 的胶木板垫条沿加载基线固定，然后将试样放置于试验机承压板中心，调整位置使试样均匀受力，如图 3-5 所示，以 0.05 mm/min 的速率加载直至试样破坏，记录数据，观察试样在加载过程中的破坏发展过程及破坏形态。试验结束后收集试样。

图 3-5　劈裂抗拉试验 [154]

3.3.2　载荷–位移曲线

图 3-6 为不同加固程度下 MICP 加固钙质砂试样劈裂抗拉试验的载荷–位移曲线。MICP 加固钙质砂试样的劈裂试验的变形特征与无侧限抗压试验的变形特征基本相同,即随着位移的逐渐增大,载荷–位移曲线总体经历了压密、弹性变形、塑性变形和破坏四个阶段。在加载初期的压密阶段,主要是垫条与 MICP 加固钙质砂试样表面线接触处的局部变形,曲线表现出上凹现象,为第 1 阶段;而后随着载荷增加,MICP 加固钙质砂试样的位移与载荷呈线性增长关系,表现出 MICP 加固钙质砂试样的弹性变形特性,为第 2 阶段;当载荷增加到极限载荷的 80％以后,载荷–位移曲线偏离线性关系,MICP 加固钙质砂试样进入塑性变形阶段,为第 3 阶段;载荷达到极限载荷时,试样破坏,MICP 加固钙质砂的载荷–位移曲线迅速下降,为第 4 阶段。针对不同加固程度的 MICP 加固钙质砂试样,其变形特性也有所不同。其中,微生物加固程度最弱的一组试样 ST1 的变形量最大,并且在加载初期经历了较长的压密过程,这主要是由于试样胶结程度差,容易产生较大的变形。

随着加固程度的提高,钙质砂试样胶结越来越强,试样越来越不易产生变形,压密阶段越来越不明显,试样随着载荷增加很快进入到弹性变形阶段,加固程度高的试样所承受的载荷越高,试样内部损伤越加剧,强度退化越快,其破坏程度也越来越剧烈，从试样破坏后的曲线可以看出加固程度越高，曲线跌落越快，尤其是 ST4 试样表现出较为明显的脆性破坏特征。

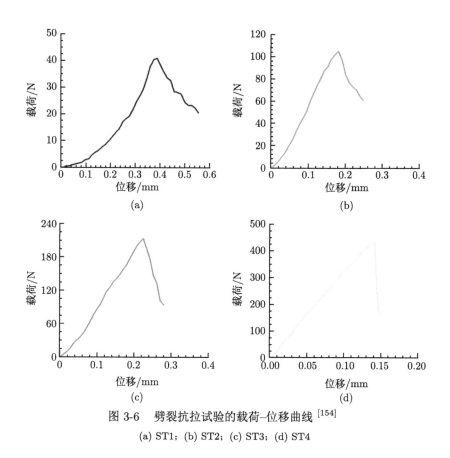

图 3-6   劈裂抗拉试验的载荷–位移曲线 [154]

(a) ST1；(b) ST2；(c) ST3；(d) ST4

由之前的讨论可知，加固程度高的试样在拉伸过程中表现出了较为明显的脆性破坏特征 (图 3-6)。图 3-7 展示了玄武岩纤维—MICP 协同加固的试样在不同纤维含量和方解石含量下劈裂抗拉试验的典型应力–应变曲线 [166]。从图中可以看出，玄武岩纤维的加入不仅提高了固化试样的劈裂抗拉强度，还提高了其延性和韧性。

如图 3-8 所示，以 MICP 加固钙质砂试样 ST4 的劈裂抗拉试验的应力–应变曲线为例，取达到应力峰值 50% 时的切线模量 E_{50t} 作为 MICP 加固钙质砂试样的变形模量，得到的不同加固程度的 MICP 加固钙质砂试样的变形模量如表 3-2 所示。从表中可以看出，随着反应液用量的增多，MICP 加固钙质砂试样的切线模量有显著的提升。图 3-9 展示了 MICP 加固钙质砂试样的劈裂抗拉试验的切线模量与加固因子的关系。从图中可以看出，MICP 加固钙质砂试样劈裂抗拉试验得到的切线模量与加固因子呈指数增长模式，这与 MICP 加固钙质砂试样无侧限抗压试验得到的结论一致。

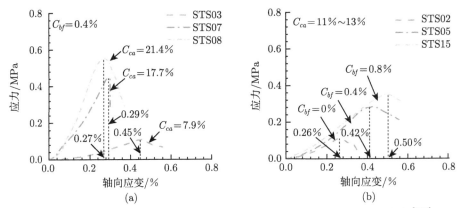

图 3-7 不同纤维含量和方解石含量下劈裂抗拉试验的典型应力–应变曲线 [166]

(a) 方解石含量；(b) 纤维含量

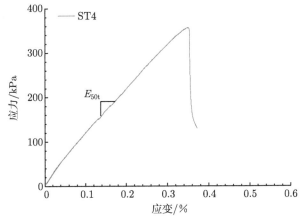

图 3-8 典型的劈裂抗拉应力–应变曲线 [154]

表 3-2 MICP 加固钙质砂劈裂抗拉试验的切线模量 [154]

试验编号	反应液配方	反应液用量 V_c/L	加固因子 R_c	试样长径比 $H:D$	切线模量 E_{50t}/MPa
ST1		0.05	2	0.5:1	5.209
ST2	1M 氯化钙 +1M 尿素	0.075	3	0.5:1	19.597
ST3		0.1	4	0.5:1	41.132
ST4		0.125	5	0.5:1	113.240

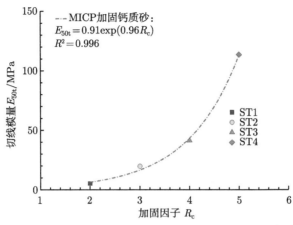

图 3-9 劈裂抗拉试验的切线模量与加固因子的关系 [154]

3.4 无侧限抗压强度特性

3.4.1 加固程度对抗压强度的影响

表 3-3 给出了不同钙源、不同加固程度条件下 MICP 加固钙质砂试样的无侧限抗压强度。从表中可以看出随着加固程度的提高，MICP 加固钙质砂的无侧限抗压强度有大幅增长。说明 MICP 可以有效提高钙质砂的抗压强度。图 3-10 为采用不同钙源时 MICP 加固钙质砂试样的无侧限抗压强度随加固因子的变化图。从图中可以看出：(1) 无论使用何种钙源进行加固，MICP 加固钙质砂的无侧限抗压强度均随加固因子的增加呈指数增长，这与 van Paassen[161]，Cheng 等 [18] 利用 MICP 法加固硅砂得到的结果相似；(2) 在反应液用量相同的情况下，采用游离钙加固的钙质砂试样的无侧限抗压强度高于用氯化钙加固的试样；(3) 通过无侧限试验得到的 MICP 加固钙质砂的抗压强度与反应液的关系和切线模量与反应液的关系一致。

表 3-3　MICP 加固钙质砂的无侧限抗压强度 [154]

试验编号	反应液配方	反应液用量 V_c/L	加固因子 R_c	加固后的干密度 ρ_d/(g/cm^3)	无侧限抗压强度 q_u/MPa
UC1		0.2	2	1.268	0.208
UC2	1M 氯化钙 +1M 尿素	0.3	3	1.367	0.558
UC3		0.4	4	1.489	1.067
UC4		0.5	5	1.586	2.300
UC5		0.2	2	1.297	0.308
UC6	1M 游离钙 +1M 尿素	0.3	3	1.414	0.942
UC7		0.4	4	1.519	1.466
UC8		0.5	5	1.597	2.458

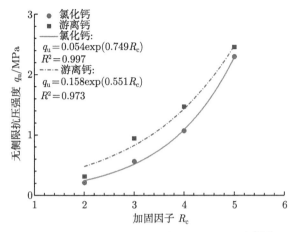

图 3-10　无侧限抗压强度与加固因子的关系 [154]

　　图 3-11 展示了玄武岩纤维–MICP 协同固化试样无侧限抗压强度与孔隙率和碳酸钙体积含量的关系 [166]。试样加固程度的提高导致了碳酸钙含量的增加和孔隙率的下降，进而改善了试样的力学性质。如图所示，玄武岩纤维—MICP 协同固化试样的无侧限抗压强度随碳酸钙体积含量的提高而增加，随孔隙率的下降而提高。

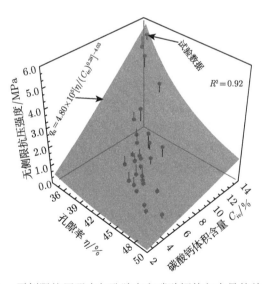

图 3-11　无侧限抗压强度与孔隙率和碳酸钙体积含量的关系 [166]

3.4.2　干密度对抗压强度的影响

　　图 3-12 为不同钙源条件下 MICP 加固钙质砂试样的无侧限抗压强度与干密度的关系。从图中可以看出：(1) 无侧限抗压强度与干密度之间也呈指数增长关

系，这与 van Paassen[161] 用 MICP 加固硅砂得到的结果类似。(2) 对比无侧限抗压强度与反应液的关系图，可以看出抗压强度与干密度之间有着更好的相关性。这是由于抗压强度的高低主要是由干密度的大小所决定的，也就是说在使用相同的反应液时，干密度较大的试样的抗压强度相对较高。(3) 抗压强度随干密度的变化规律同切线模量随干密度的变化规律相似。

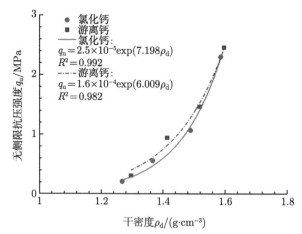

图 3-12　无侧限抗压强度与干密度的关系[154]

将 MICP 加固钙质砂的无侧限抗压强度试验结果与其他学者的研究成果进行对比分析，发现 MICP 加固不同类型的砂得到的强度增长模式是相似的。如图 3-13

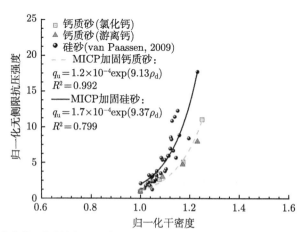

图 3-13　MICP 加固钙质砂的归一化的无侧限抗压强度与归一化的干密度的关系[154] 和 van Paassen[161] 用 MICP 加固硅砂的试验结果对比

所示，将不同钙源、不同类型的砂经 MICP 处理后实测的无侧限抗压强度和干密度值，分别除以该组试验获取的最小无侧限抗压强度值和最小干密度值进行归一化处理，然后绘制 MICP 加固后归一化无侧限抗压强度与归一化干密度的关系图。从图中可以看出使用不同钙源加固的钙质砂试样强度随干密度的增长趋势同 van Paassen[161] 使用相同反应液配方 (1M 氯化钙 +1M 尿素) 但处理不同类型的砂 (硅砂) 得到的结果是类似的。

3.5　劈裂抗拉强度特性

3.5.1　加固程度对抗拉强度的影响

根据弹性力学理论，可以得到 MICP 加固钙质砂试样的劈裂抗拉强度 (q_t) 为

$$q_t = \frac{2P}{\pi Dt} \tag{3-2}$$

式中，P 为破坏载荷；D、t 分别为试样的直径和厚度。

根据 MICP 加固钙质砂试样的直径、厚度以及试验中采集到的峰值载荷，通过式 (3-2) 可以计算得到 MICP 加固钙质砂试样抗拉强度值，结果如表 3-4 所示。从表中可以看出 MICP 加固钙质砂试样的抗拉强度随加固程度的提高而增长，说明 MICP 可以有效提高钙质砂的抗拉强度。

表 3-4　MICP 加固钙质砂的劈裂抗拉强度 [154]

试验编号	反应液配方	反应液用量 V_c/L	加固因子 R_c	加固后的干密度 ρ_d/(g/cm^3)	劈裂抗拉强度 q_t/kPa
ST1		0.05	2	1.293	34.80
ST2	1M 氯化钙 +1M 尿素	0.075	3	1.357	85.49
ST3		0.1	4	1.457	170.51
ST4		0.125	5	1.551	356.21

图 3-14 为 MICP 加固钙质砂试样的劈裂抗拉强度与加固因子的关系。从图中可以看出：(1) MICP 加固钙质砂的劈裂抗拉强度随加固因子的增加呈指数增长趋势，这与 MICP 加固钙质砂的无侧限抗压强度规律相似；(2) 通过劈裂抗拉试验得到的 MICP 加固钙质砂的抗拉强度与反应液的关系和切线模量与反应液的关系一致。

图 3-15 展示了玄武岩纤维–MICP 协同固化试样劈裂抗拉强度与孔隙率和方解石体积含量的关系 [166]。与图 3-11 所示的无侧限抗压强度结果相似，玄武岩纤

维–MICP 协同固化试样的劈裂抗拉强度随碳酸钙体积含量的提高而增加，随孔隙率的下降而提高。

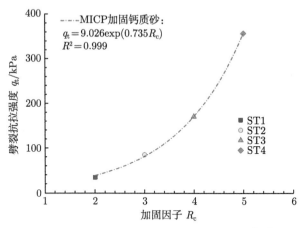

图 3-14 劈裂抗拉强度与加固因子的关系 [154]

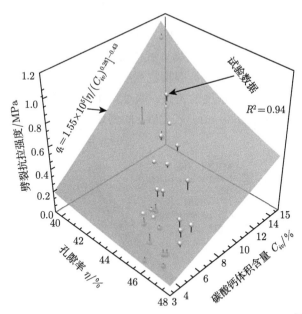

图 3-15 劈裂抗拉强度与孔隙率和方解石体积含量的关系 [166]

3.5.2 干密度对抗拉强度的影响

根据表 3-4 给出的试验结果，绘制 MICP 加固钙质砂试样的劈裂抗拉强度与加固后试样干密度的关系，如图 3-16 所示。从图中可以看出劈裂抗拉强度与干密

度之间也呈指数增长关系，这与无侧限抗压试验得到的结果相类似。说明 MICP
加固钙质砂试样的劈裂抗拉强度与干密度之间的相关性也较好。

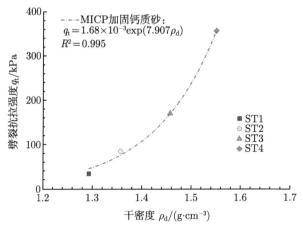

图 3-16　劈裂抗拉强度与干密度的关系 [154]

　　图 3-17 展示了 MICP 加固钙质砂试样的劈裂抗拉强度试验结果与前人研究
成果的对比，由于所处理砂的性质不同，得到的干密度差异较大，因此需要进行
归一化处理，将 MICP 加固的不同类型试样实测的劈裂抗拉强度和干密度值，分
别除以该种试样试验获取的最小劈裂抗拉强度值和最小干密度值，然后绘制归一
化劈裂抗拉强度与归一化干密度的关系。通过对比可以看出，Zhang 等 [145] 研究
得到的微生物砂浆 (0.2~0.38 mm 工业砂) 的劈裂抗拉强度与干密度关系与该文

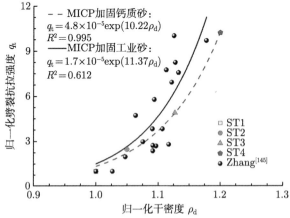

图 3-17　MICP 加固钙质砂的归一化的劈裂抗拉强度与归一化的干密度的关系 [154] 和
Zhang 等 [145] 试验结果对比

献研究结果类似说明 MICP 加固不同类型的砂得到的抗拉强度增长模式是相同的。

3.6 抗拉强度与抗压强度的关系

表 3-5 给出了不同加固程度的 MICP 加固钙质砂试样的劈裂抗拉与无侧限抗压强度的对比结果，劈裂抗拉试样与无侧限抗压试样所用的制样方法、模具是相同的 (直径均为 40 mm)，并且钙质砂的初始密实度相同，只是无侧限抗压试样的长径比是劈裂抗拉试样的 4 倍，相应地制样时钙质砂的质量与加固时加入的反应液用量均为 4 倍关系，相同数字编号的劈裂抗拉试样与无侧限抗压试样对应的加固因子相同，说明相同数字编号的劈裂抗拉试样与无侧限抗压试样对应的加固程度是一致的。

表 3-5 MICP 加固钙质砂的抗拉与抗压强度 [154]

试验编号	反应液配方	反应液用量 V_c/L	试样长径比 $H:D$	加固因子 R_c	峰值强度 q_t/q_u/kPa
ST1		0.05	0.5:1	2	34.80
ST2	1M 氯化钙 +1M 尿素	0.075	0.5:1	3	85.49
ST3		0.1	0.5:1	4	170.51
ST4		0.125	0.5:1	5	356.21
UC1		0.2	2:1	2	208.31
UC2	1M 氯化钙 +1M 尿素	0.3	2:1	3	558.28
UC3		0.4	2:1	4	1066.56
UC4		0.5	2:1	5	2299.78

将同一加固程度下的劈裂抗拉强度与无侧限抗压强度关系绘制于图 3-18 中。从图中可以看出：(1) MICP 加固钙质砂的劈裂抗拉强度与无侧限抗压强度有较好的线性关系，并且与加固因子的大小无关。说明对于给定密实度的相同钙质砂，MICP 加固后的劈裂抗拉强度与无侧限抗压强度的关系是唯一的，并且独立于加固程度。这与 Consoli 等 [168] 对人工胶结砂研究得到的结论一致。(2) MICP 加固钙质砂后得到的劈裂抗拉强度为无侧限抗压强度的 15.6%，这个比例关系与前人的研究结果较为接近，例如，Choi 等 [169] 利用 MICP 加固渥太华砂得到的劈裂抗拉强度为无侧限抗压强度的 13.3%；Zhang 等 [145] 利用氯化钙、硝酸钙、醋酸钙等不同钙源加固工业砂得到的微生物砂浆的劈裂抗拉强度分别为无侧限抗压强度的 18.6%、13.0% 和 18.0%；Consoli 等 [168] 使用水泥胶结砂得到的劈裂抗拉强度为无侧限抗压强度的 15%。

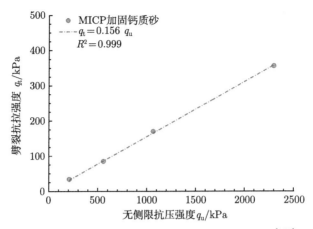

图 3-18　劈裂抗拉强度与无侧限抗压强度的关系 [154]

3.7　本 章 小 结

本章主要通过无侧限抗压试验和劈裂抗拉试验，对 MICP 加固钙质砂的应力–应变特性、变形模量、无侧限抗压强度、劈裂抗拉强度等进行了系统研究。本章所得主要结论如下：

(1) MICP 加固钙质砂的无侧限抗压试验应力–应变曲线大体分为压密、弹性变形、塑性变形和破坏四个阶段；达到应力峰值 50% 时的切线模量 E_{50u} 随加固因子的增加呈现出指数增长趋势，这一结论与利用 MICP 法加固石英砂得到的结果一致。

(2) MICP 加固钙质砂试样的劈裂试验的变形特征与无侧限抗压试验的变形特征基本相同，随着位移的逐渐增大，载荷–位移曲线总体经历了压密、弹性变形、塑性变形和破坏四个阶段；并且同 MICP 加固钙质砂试样无侧限抗压试验结果类似，MICP 加固钙质砂试样劈裂抗拉试验得到的切线模量与加固因子也呈指数增长模式。

(3) MICP 加固钙质砂的无侧限抗压强度随加固因子的增加呈指数增长，无侧限抗压强度与干密度之间也呈指数增长关系。

(4) MICP 加固钙质砂的劈裂抗拉强度与加固因子、干密度均呈指数增长关系；但劈裂抗拉强度随无侧限抗压强度呈线性增长关系，MICP 加固钙质砂的劈裂抗拉强度为无侧限抗压强度的 15.6‰。

第 4 章　微生物土剪切变形与强度特性

4.1　概　述

土体失稳所导致的建筑物破坏主要有两类，一类是土体沉降过大或差异沉降过大造成的，另一类是由于土体的强度破坏所引起的，即一类是与土体变形特性相关的工程问题，另一类则是与土体强度相关的工程问题。通常将土在外载荷引起的应力作用下所产生的沉降、位移、应变等统称为土的变形特性。土的变形特性随土性特征 (结构、粒径、密度等)、应力特征、地域特征等的变化而产生较大的改变。而土体的破坏通常都是剪切破坏，研究土的强度特性就需要重点考察土的抗剪强度特性。

已有研究表明 MICP 加固可以有效提高普通陆源砂的变形特性。如 Martinez 和 DeJong[170] 在浅基础模型试验中采用 MICP 加固技术对硅砂地基进行加固处理，发现在地基应力为 30 kPa 载荷下引起的沉降量较未加固土体减少了大约 5 倍。van Paassen 等 [16] 对 100 m³ 大规模硅砂地基进行 MICP 灌浆加固处理，通过现场实时剪切波速的测定，以及原位取样进行无侧限抗压试验，发现了硅砂经 MICP 加固处理后刚度显著提高。Martinez 等 [48] 利用剪切波速测量对 MICP 加固 0.5 m 砂柱的一维流动进行了实时监测，研究表明 MICP 加固可以有效提高石英砂的刚度。Feng 和 Montoya[47] 通过三轴排水试验发现硅砂经 MICP 加固处理后试样的刚度和剪胀性有了显著地提高，并且加固程度越高，刚度和剪胀越大。Lin 等 [171] 通过一维压缩试验论证了 MICP 加固可以降低硅砂的压缩量。

之前的研究也表明 MICP 加固可以有效提高陆源砂的抗剪强度。Montoya 和 DeJong[44] 对不同加固程度的 MICP 固化硅砂试样进行了三轴不排水剪切试验，发现在较小的轴向应变时剪应力比达到峰值，并且峰值剪应力比随着加固程度的提高而增大。Feng 和 Montoya[47] 基于三轴排水剪切试验，对四种不同加固程度下 MICP 加固硅砂的抗剪强度进行了研究，结果表明 MICP 加固对硅砂的内摩擦角强度影响较大，而对黏聚力影响有限。Cui 等 [172] 研究了不同加固程度的 MICP 加固石英砂试样的三轴不排水剪切特性，发现石英砂经 MICP 加固处理后有效内摩擦角和黏聚力均得到了不同程度的增长。

由于钙质砂具有多孔性、非均质性、破碎性等特点，可以预料到钙质砂的变形特性和抗剪强度特性必然会有与普通的硅砂、石英砂等陆源砂不同的特点。本章主要通过三轴固结不排水试验、三轴固结排水试验研究 MICP 加固钙质砂的剪切变形与强度特性，并与 MICP 加固石英砂/硅砂得到的相关变形与强度特性进行了对比分析。

4.2　微生物土三轴固结不排水变形特性

4.2.1　试验方法

三轴试验采用 LSY36-1 型应力–应变控制式三轴仪，如图 4-1(a) 所示，该仪器主要包括压力试验机、三轴压力室、压力体变柜、数据采集系统四大部件。压力试验机的轴向载荷范围为 0～30 kN，由荷重传感器测量。三轴压力室的围压为 0～2000 kPa，采用压力传感器测量。等应变控制系统采用无级变速，加载速率范围为 0.001～3 mm/min。位移传感器量程为 30 mm。试样尺寸为 Φ39.1 mm×80 mm。压力体变柜采用双层体变管量测排水量，体变量测范围为 0～50 cm³，由体变传感器测量。孔隙水压力范围为 0～2000 kPa，反压范围为 0～1000 kPa，均采用压力传感器测量。反压通过外置的空气压缩机施加，大小通过气压调压阀调整。

由于微生物加固钙质砂三轴试样是在橡皮膜中进行加固的，所以直接利用三轴试样加固时的模具筒进行装样即可。装样时，将底部的橡皮塞拔掉，试样底部的生化棉依次更换为滤纸和透水石，然后将试样底部放置于三轴仪底座，翻下橡皮膜下部边沿，用橡皮圈将橡皮膜下部与底座扎紧；旋松螺栓，取下喉箍，拆除模具筒，更换为对开模；在试样顶部依次放上滤纸、透水石和三轴仪上试样帽，上翻橡皮膜的顶部边沿，并用橡皮圈扎紧；将孔隙压力通道连接到真空泵，开启真空泵，对试样内部施加 10 kPa 的负压力，使试样直立，拆除对开模，如图 4-1(b) 所示；用游标卡尺测量试样的直径和高度；安放压力室罩，使试样帽与罩中活塞对准；均匀对称地拧紧 T 形螺栓的盖型螺母，打开进水阀向压力室内注水，待水从顶部密封口溢出时关闭阀门，将密封口螺钉旋紧；开启电机，使压力室底座上升，当试样帽、活塞与测力计接近时，调整上升速度到实际剪切速率使其缓慢上升至刚好接触；施加 20 kPa 的围压，撤除试样负压，装样完成，如图 4-1(c) 所示。

试样饱和时，由于钙质砂是一种疏松、多孔、易碎的介质，常规的试验方法很难达到 95％的饱和度[173]。反压饱和法是一种提高土体饱和度的有效手段，原理是利用高水压使土体中的气泡变小或溶解，进而实现饱和。由于 CO_2 在水中的溶解度要大于空气的溶解度，因此在试样饱和时，先通 20 min CO_2 来置换孔隙中的空气，然后通 60 min 无气水进行水头饱和，最后再施加反压使 CO_2 溶于水中。为保证试样达到饱和，同时也人为提高试样中静孔压水平，使得剪切过程中试样不会因剪胀出现超出量程的负孔隙水压力，需对试样施加一定的反压进行饱和[174]。反压采取分级施加，每级反压取 50 kPa，在此过程中围压要始终大于反压 20 kPa，以防止试样因膨胀而破坏结构。每级反压施加后，测定 B 值。一般只需施加 4 级反压即可满足要求。但 BISHOP 等研究指出剪胀性土在进行不排水三轴剪切试验时，初始阶段试样剪缩孔压有轻微的上升，随后试样剪胀孔压开始下降，当孔压的下降值超过反压时，就会产生负孔压，造成试样内部压力下降，使原本溶解于高压环境下的部分气泡被重新释放，这一现象被称为汽化[174]。剪切过程中汽化现象的发生将会使试样饱和度下降，为了防止试样剪切过程中出现汽化现象，需要设置比试样达到饱和更高的反压，以保证试样剪切过程中是饱和的[175]。因此，该文献三轴试验中将反压逐级施加至 400 kPa，达到反压设定值后稳定 1 h，再测试样 B 值。在试验中，试样的 B 值均可达到 0.95 以上，试样饱和。

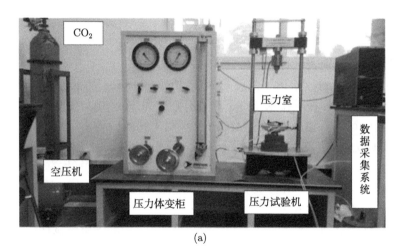

(a)

(b)　　　　　　　　　　　　　　(c)

图 4-1　三轴仪及三轴试样的装样过程[154]

(a) 三轴仪；(b) 和 (c) 三轴试样的装样过程

　　三轴固结不排水试验中各试样的反压均为 400 kPa，有效围压为 100 kPa、200 kPa、400 kPa。按照《土工试验规程》(SL 237—1999)[176] 的操作步骤，试样分别在各有效围压下进行等向固结，固结完成后开始剪切。固结不排水试验的剪切速率为 0.2 mm/min。

4.2.2　应力–应变特性

　　在三轴应力状态下，偏应力定义为

$$q = \sigma_1' - \sigma_3' \tag{4-1}$$

有效平均主应力为

$$p' = \frac{\sigma_1' + 2\sigma_3'}{3} \tag{4-2}$$

其中，σ_1' 和 σ_3' 分别表示有效的轴向和径向应力。

　　图 4-2(a)~(c) 分别给出了围压为 100 kPa、200 kPa 和 400 kPa 时，不同加固程度的钙质砂试样在不排水条件下平均有效应力 q/p' 比与轴向应变 ε_a 的关系曲线。从图中可以看出：(1) 经 MICP 处理后，钙质砂应力–应变曲线的形态发生了改变，应力–应变特性由应变硬化逐步向应变软化过渡；加固程度较高的试样 (0.5M 400 ml 和 0.5M 300 ml) 在轴向应变较小时达到峰值平均有效应力比，然后随着轴向应变的增大，微生物诱导碳酸钙沉淀产生的胶结作用在剪切过程中逐渐破坏，试样的平均有效应力比逐渐下降，表现出明显的应变软化特性；加固程度较低的试样 (0.5M 200 ml 和 0.5M 100 ml) 与未加固钙质砂试样的应力–应变特性较为相似，平均有效应力比随轴向应变在缓慢增加，基本呈现出应变硬化特性。(2) MICP 加固处理后钙质砂的平均有效应力比得以提高，尤其是加固程度较高的试样 (0.5M 300 ml 和 0.5M 400 ml) 的峰值平均有效应力比提升十分显著，随后由于胶结退化平均有效应力比会逐渐降低，但依然高于未加固钙质砂试样的平均有效应力比；加固程度较低的试样 (0.5M 100 ml 和 0.5M 200 ml) 的平均有效应力比在剪切过程中均高于未加固钙质砂；总体而言，微生物加固钙质砂的平均有效应力比是随加固程度的提高而增大。(3) 随着围压的增大，微生物加固钙质砂试样的峰值平均有效应力比在减小，尤其是加固程度较高的试样 (0.5M 300 ml 和 0.5M 400 ml) 降低幅度较大；并且围压越大，试样的应变软化特性越不明显，说明围压对应变软化特性有抑制作用。(4) 随着加固程度的提高，试样达到峰值平均有效应力比时对应的轴向应变在减小，从未加固钙质砂在轴向应变 $\varepsilon_a > 12\%$ 时达到峰值降低到加固程度较高的试样在轴向应变 $\varepsilon_a < 3\%$ 时达到峰值。

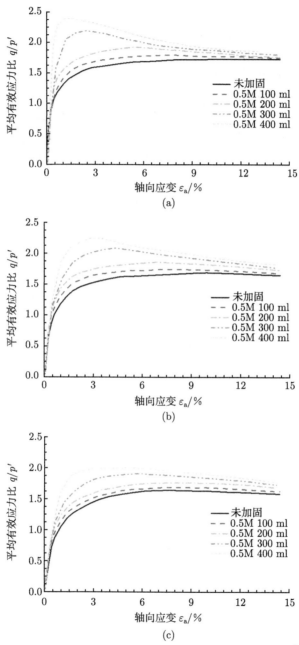

图 4-2 不排水条件下 MICP 加固钙质砂的应力-应变特性 [154]

(a) 100 kPa；(b) 200 kPa；(c) 400 kPa

图 4-3 为不排水条件下 MICP 加固石英砂在 100 kPa 围压下得到的应力-应

变关系曲线 [44]，图中 V_s 为剪切波速，Montoya 和 DeJong[44] 采用剪切波速来表示 MICP 加固程度，即加固程度越高，试样的剪切波速越大。对比图 4-3 与图 4-2(a) 可以看出：(1) 无论是钙质砂还是石英砂，经 MICP 加固处理后试样的应力–应变特性均由应变硬化型向应变软化型过渡；当加固程度较高 ($V_\mathrm{s} \geqslant 650$ m/s) 时，MICP 加固石英砂在到达峰值强度后伴随着胶结退化开始软化，而加固程度较弱 ($V_\mathrm{s} \leqslant 450$ m/s) 的石英砂和未加固石英砂则继续硬化；这与 MICP 加固对钙质砂应力–应变特性的影响一致，都是当加固程度积累到一定量时，应力–应变特性发生比较明显的变化，由应变硬化向应变软化转变，而当加固程度低于这个量时，对应力–应变特性影响较小。(2) 无论是钙质砂还是石英砂，MICP 加固后试样的平均有效应力比均有所提高；随着加固程度的增加，MICP 加固石英砂的峰值有效应力比从 1.3 逐步增大到 1.9，而 MICP 加固钙质砂的峰值有效应力比从 1.7 逐步增大到 2.4；MICP 加固前后，钙质砂的平均有效应力比均大于石英砂，这是由材料本身的性质所决定的，但是无论何种材料，MICP 加固后试样平均有效应力比的提高规律是相似的，并且增幅也大体相同。(3) 无论是钙质砂还是石英砂经 MICP 加固后，达到峰值平均有效应力比时对应的轴向应变均随加固程度的提高而减小；只是加固程度较高的石英砂试样达到峰值时对应的轴向应变 $\varepsilon_\mathrm{a} < 0.5\%$，要小于达到峰值时加固程度较高的钙质砂试样对应的轴向应变。

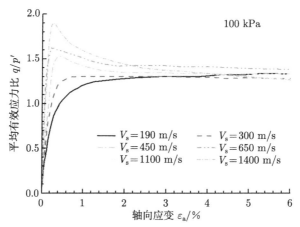

图 4-3   不排水条件下 MICP 加固石英砂的应力–应变特性 [44]

4.2.3   孔压–应变特性

图 4-4(a)~(c) 分别给出了围压为 100 kPa、200 kPa 和 400 kPa 时，不同加固程度的钙质砂试样在不排水条件下孔压 Δu 与轴向应变 ε_a 的关系曲线。从图中可以看出：(1) 在围压为 100 kPa 条件下，未加固钙质砂和不同加固程度的

微生物胶结钙质砂试样的孔压发展规律相似,在剪切初始阶段试样的孔压先快速上升至峰值,然后随着轴向应变的增加而缓慢降低,在轴向应变接近 4% 时出现负孔压;试样在轴向应变较小时先剪缩,随后随着轴向应变的增大,表现出剪胀性;围压为 200 kPa 和 400 kPa 时孔压的发展规律同 100 kPa 围压,只是围压为 200 kPa 条件下轴向应变在接近 8% 时才出现负孔压,而围压为 400 kPa 时孔压始终为正孔压,说明随着围压增大,孔压由负变正。(2) 相同围压条件下,钙质砂经 MICP 加固处理后剪胀性变大,并且剪胀性是随着加固程度的增大而增大,在 100 kPa、200 kPa 和 400 kPa 围压下均有体现;这也是钙质砂经 MICP 加固后平均有效应力比增加的原因。

图 4-5 为不排水条件下 MICP 加固石英砂的孔压-应变关系曲线[44],图中将孔压 Δu 除以固结平均有效应力 $p_{\rm c}'$ 进行归一化处理,剪切波速 $V_{\rm s}$ 代表加固程度,$V_{\rm s} = 190$ m/s 代表未加固的石英砂试样,其他试样均采用 MICP 法进行加固处理,并且 $V_{\rm s}$ 值越大说明加固程度越高。对比图 4-5 与图 4-4 可以看出:(1) MICP

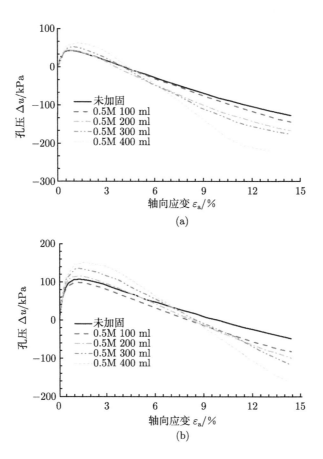

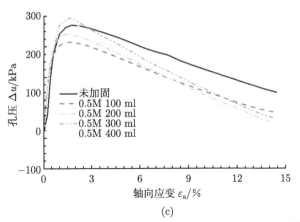

(c)

图 4-4　不排水条件下 MICP 加固钙质砂的孔压–应变特性 [154]

(a) 100 kPa；(b) 200 kPa；(c) 400 kPa

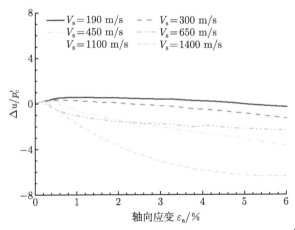

图 4-5　不排水条件下 MICP 加固石英砂的孔压–应变特性 [44]

加固石英砂的归一化孔压随轴向应变先增后减，与 MICP 加固钙质砂孔压发展规律一致，不同的是 MICP 加固石英砂试样出现负孔压时对应的轴向应变更小，加固程度最弱的试样 ($V_s = 300$ m/s) 在轴向应变大约为 2% 时沿负孔压继续发展，而加固程度较高的其他试样则在轴向应变 $\varepsilon_a < 0.5\%$ 时就出现了负孔压。(2) 随着加固程度的提高，MICP 加固石英砂的剪胀性在增加，这与 MICP 加固钙质砂得到的结论一致。

4.2.4　有效应力路径

图 4-6(a)～(c) 分别给出了围压为 100 kPa、200 kPa 和 400 kPa 时，不同加固程度的钙质砂试样在不排水条件下的有效应力路径。从图中可以看出：(1) 在不

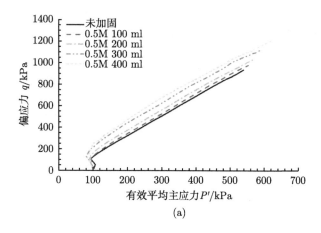

(a)

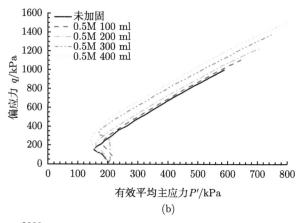

(b)

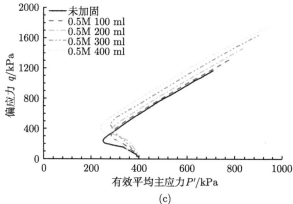

(c)

图 4-6　不排水条件下 MICP 加固钙质砂的有效应力路径 [154]

(a) 100 kPa；(b) 200 kPa；(c) 400 kPa

同围压下，未加固钙质砂与 MICP 加固钙质砂试样的有效应力路径均呈反 S 曲线状，在剪切初始阶段，试样处于剪缩状态，平均有效应力 p' 逐渐减小，孔压 Δu 逐渐增加；当平均有效应力 p' 达到最小值时，发生相变，试样由剪缩向剪胀转变；在相变点后，有效应力路径开始转变方向直至最终状态。(2) 在同一围压下，MICP 加固钙质砂试样与未加固钙质砂的有效应力路径发展趋势一致，但由于试样经 MICP 加固后，剪胀增加，有效应力路径高于未加固的钙质砂，且加固程度越高，提升越明显；加固程度较高的试样 (0.5M 400 ml 和 0.5M 300 ml) 的有效应力路径明显高于未加固钙质砂，加固程度最弱的试样 (0.5M 100 ml) 与未加固钙质砂试样的有效应力路径较为接近；随着围压的增加，MICP 加固钙质砂试样的有效应力路径与未加固钙质砂相差越来越小，说明围压在抑制剪胀的增加。

图 4-7 为不排水条件下 MICP 加固石英砂在 100 kPa 围压下不同加固程度试样对应的有效应力路径[44]。对比图 4-7 与图 4-6(a) 可以看出：MICP 加固程度较低的石英砂试样 ($V_s \leqslant 450$ m/s) 与未加固石英砂 ($V_s = 190$ m/s) 的有效应力路径较为接近，MICP 加固程度较高的石英砂试样 ($V_s \geqslant 650$ m/s) 的有效应力路径明显高于未加固石英砂，并且加固程度越高，提升越大，这与 MICP 加固钙质砂的规律一致。

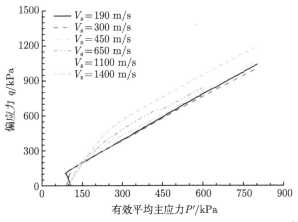

图 4-7　不排水条件下 MICP 加固石英砂的有效应力路径[44]

4.3　微生物土三轴固结排水变形特性

4.3.1　试验方法

三轴固结排水试验的试验方法同三轴固结不排水试验，不同的是在剪切过程中打开排水阀使试样排水，固结排水试验的剪切速率为 0.1 mm/min。

4.3.2 应力–应变特性

图 4-8(a)~(d) 分别展示了未加固钙质砂和不同加固程度 (0.5M 200 ml、0.5M 400 ml、0.5M 600 ml) 的 MICP 固化钙质砂试样在不同围压下 (100 kPa、200 kPa、400 kPa、600 kPa) 的偏应力 q(kPa) 与轴向应变 ε_a(%) 的关系曲线。从图中可以看出: (1) 未加固钙质砂 (图 4-8(a)) 的应力–应变特性呈应变硬化型,在围压较小 (100 kPa、200 kPa) 时,偏应力逐步增长达到峰值后基本呈平缓增大的趋势,而围压较大 (400 kPa、600 kPa) 时偏应力则随轴向应变的发展而不断增长,没有峰值出现;钙质砂经 MICP 处理后应力–应变特性由应变硬化型逐步转变为应变软化型;加固程度较低 (图 4-8(b)) 的试样在低围压 (100 kPa、200 kPa) 下的应力–应变特性已经转变为应变软化型,但在高围压下依然表现为应变硬化型,偏应力在出现峰值后呈现平缓增长趋势;而随着加固程度的提高,0.5M 400 ml (图 4-8(c)) 和 0.5M 600 ml (图 4-8(d)) 两组 MICP 加固试样在不同围压下则均呈现应变软化特性。(2) 在同一加固程度下,试样的偏应力随围压的增大而增大;并且随着围压的增大,试样达到峰值偏应力所对应的轴向应变也在增大,如图 4-8(d) 所示,当围压从 100 kPa 逐步增大至 600 kPa 时,达到峰值偏应力时所对应的轴向应变逐步从 5% 提高至 10%;这主要是由于随着围压的增大,MICP 加固钙质砂试样的侧向束缚在增大,所能承受的偏应力也会随之增加。(3) 在同一围压下,试样的偏应力随加固程度的提高而增大;而试样达到峰值偏应力时对应的轴向应变则随加固程度的提高而减小,例如 200 kPa 围压条件下的试样,随着 MICP 加固程度的提高,峰值偏应力所对应的轴向应变从未加固试样的 15%(图 4-8(a)) 依次降低至 10.5%(图 4-8(b))、8.8%(图 4-8(c))、5%(图 4-8(d)),说明经 MICP 加固处理后,试样由延性破坏转变为脆性破坏。

图 4-9 为 Lin 等 [171] 利用 MICP 加固不同粒径的硅砂 (渥太华 50/70 砂、渥太华 20/30 砂),以及未加固的硅砂在不同围压下 (25 kPa、50 kPa、100 kPa) 的偏应力与轴向应变关系曲线。从图中可以看出: (1) 不同粒径的硅砂在未加固时的应力–应变特性均表现为应变硬化型,而在经过 MICP 加固处理后的硅砂则表现出明显的应变软化特性,这与钙质砂经 MICP 加固后应力–应变特性由应变硬化型转变为应变软化型的结论一致;不同的是 MICP 加固硅砂的偏应力在初始阶段迅速上升达到峰值,峰值偏应力对应的轴向应变小于 0.5%,远小于 MICP 加固钙质砂的峰值偏应力对应的轴向应变。(2) 同一粒径的硅砂,偏应力随围压的增大而增大;并且围压越小,MICP 加固硅砂的应变软化特性越显著;这与 MICP 加固钙质砂的规律一致,说明围压会抑制 MICP 加固砂样的应变软化特性发展,这主要是由于围压越小,MICP 加固试样所受到的侧向束缚越小,在相同的偏应力条件下产生的轴向应变越大,微生物诱导生成的碳酸钙沉淀的胶结作用越容易被破坏,试样承受剪应力能力相应下降,会呈现出应变软化特性。

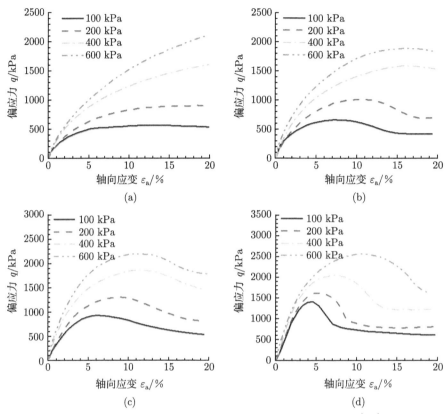

图 4-8　排水条件下 MICP 加固钙质砂的应力–应变特性 [154]

(a) 未加固；(b) 0.5M 200 ml；(c) 0.5M 400 ml；(d) 0.5M 600 ml

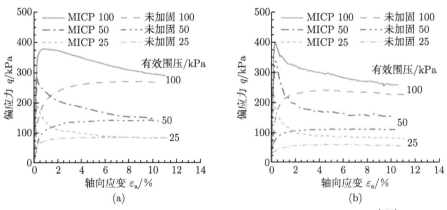

图 4-9　排水条件下 MICP 加固不同粒径硅砂的应力–应变特性 [171]

(a) 渥太华 50/70 砂；(b) 渥太华 20/30 砂

图 4-10 为 Feng 和 Montoya[47] 针对四种不同 MICP 加固程度的硅砂 (分别为未加固、弱加固、中等加固、强加固) 在三个不同有效围压下 (100 kPa、200 kPa、400 kPa) 开展的三轴固结排水试样得到的偏应力与轴向应变的关系曲线。从图中可以看出: (1)MICP 加固硅砂的偏应力高于未加固硅砂，并且偏应力的提高随着加固程度的增大而增长，当 MICP 加固程度从弱加固增加至强加固时，试样的应变软化特性越来越显著。这与加固程度对 MICP 加固钙质砂试样的应力–应变特性影响是一致的。(2) 在同一加固程度下，MICP 加固硅砂的应力–应变特性与围压的大小有关，例如在 100 kPa 围压下 MICP 加固硅砂在峰值强度后表现出最大的脆性，而在 400 kPa 围压下 MICP 加固硅砂则表现为峰值后逐渐软化，说明围压会抑制 MICP 加固硅砂应变软化特性的发展，这与围压对 MICP 加固钙质砂的影响一致。

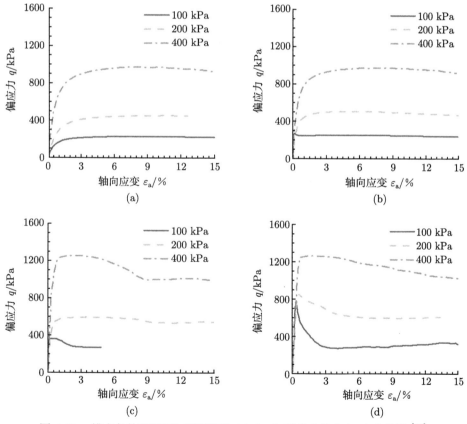

图 4-10 排水条件下不同加固程度的 MICP 加固硅砂的应力–应变特性 [47]

(a) 未加固；(b) 弱加固；(c) 中等加固；(d) 强加固

4.3.3 体积应变特性

图 4-11(a)~(d) 给出了未加固钙质砂和不同加固程度 (0.5M 200 ml、0.5M 400 ml、0.5M 600 ml) 的 MICP 加固钙质砂试样在不同围压下 (100 kPa、200 kPa、400 kPa、600 kPa) 的体积应变 $\varepsilon_v(\%)$ 与轴向应变 $\varepsilon_a(\%)$ 的关系曲线,其中规定体积收缩为正,体积膨胀为负。从图 4-11 中可以看出:(1) 未加固钙质砂 (图 4-11(a)) 在围压较小 (100 kPa、200 kPa) 时,剪切过程中先体积收缩,随后出现体积膨胀;当围压较大 (400 kPa、600 kPa) 时,钙质砂则表现出绝对剪缩。这与刘崇权 [177]、张家铭 [178] 等对中密钙质砂三轴排水剪得到的结论一致。造成这种现象的主要原因是钙质砂在高围压下剪切过程中易产生颗粒破碎。(2) 与未加

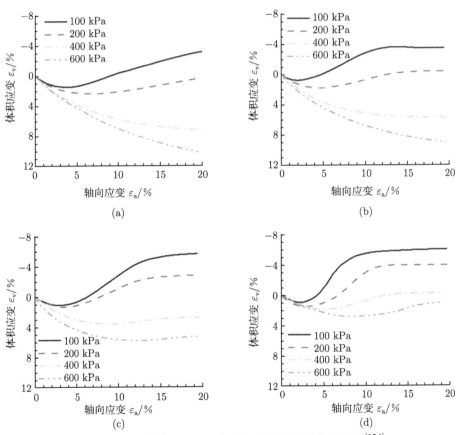

图 4-11   排水条件下 MICP 加固钙质砂的体积应变特性 [154]

(a) 未加固;(b) 0.5M 200 ml;(c) 0.5M 400 ml;(d) 0.5M 600 ml

固钙质砂相比，MICP 加固钙质砂试样的剪胀性在增大；并且加固程度越高，试样的剪胀性越大。这是由于钙质砂在 MICP 加固过程中，微生物诱导生成的碳酸钙沉淀不断填充钙质砂颗粒的孔隙，使试样孔隙比变小，并且在钙质砂颗粒间产生胶结作用使钙质砂颗粒黏结在一起，增大了剪切过程中颗粒重排列的阻力，使试样剪胀性变大。(3) 在围压较大 (400 kPa、600 kPa) 时，随着加固程度的提高，MICP 加固钙质砂试样的剪缩特性不断减弱，逐渐转变为剪胀特性。其原因在于，在加固程度较低时，颗粒破碎对体变的影响占主导地位，此时试样的体积应变表现为剪缩；而随着加固程度的提高，MICP 加固钙质砂的胶结作用在不断增强，抑制了颗粒破碎的发展，试样的体积应变从剪缩逐渐过渡到剪胀。(4) 在同一加固程度下，围压越小，MICP 加固钙质砂的剪胀性越大，说明围压对试样的剪胀发展有抑制作用。

图 4-12 为 Lin 等 [171] 利用 MICP 加固不同粒径的硅砂 (渥太华 50/70 砂、渥太华 20/30 砂) 以及未加固的硅砂在不同围压下 (25 kPa、50 kPa、100 kPa) 的体积应变与轴向应变的关系曲线，其中规定体积收缩为负，体积膨胀为正。从图中可以看出：与未加固的硅砂相比，MICP 加固硅砂在小应变时剪缩较少 (在某些情况下甚至几乎没有剪缩发生)，之后随着应变的增加出现了更大的剪胀；不同粒径的硅砂经 MICP 加固处理后试样的剪胀性均有所提高。说明 MICP 加固可以提高硅砂的剪胀性，这与 MICP 加固钙质砂结论一致。

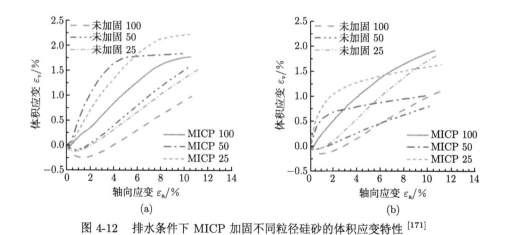

图 4-12　排水条件下 MICP 加固不同粒径硅砂的体积应变特性 [171]

(a) 渥太华 50/70 砂；(b) 渥太华 20/30 砂

图 4-13 为 Feng 和 Montoya[47] 针对四种不同 MICP 加固程度的硅砂 (分别为未加固、弱加固、中等加固、强加固) 在三个不同有效围压下 (100 kPa、200 kPa、400 kPa) 开展的三轴固结排水试样得到的体积应变与轴向应变的关系曲线，其中

规定体积收缩为正，体积膨胀为负。

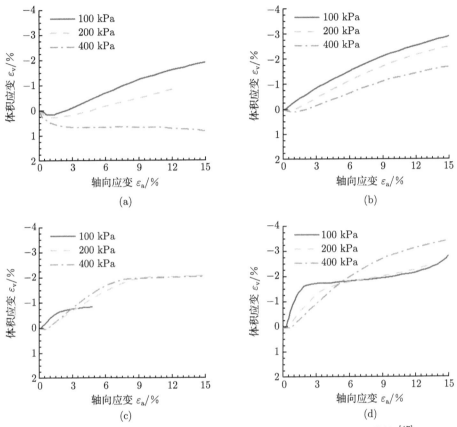

图 4-13　排水条件下不同加固程度的 MICP 加固硅砂的体积应变特性 [47]

(a) 未加固；(b) 弱加固；(c) 中等加固；(d) 强加固

从图中可以看出：(1) 未加固硅砂在低围压下 (100 kPa、200 kPa) 体积应变先剪缩后剪胀，在高围压下 (400 kPa) 表现为剪缩，与未加固钙质砂的体积应变规律相似；不同的是硅砂在轴向应变较小 (约 1%) 时转变为剪胀，而钙质砂则在轴向应变发展到 5% 左右时发生状态转变，并且硅砂的体积应变小于钙质砂，这是由于钙质砂是一种孔隙率含量高、易破碎的材料，在剪切过程中相对更容易发生体积变形。(2) 硅砂经 MICP 加固后，试样的剪胀性变大，并且随加固程度的提高而增长；这与 MICP 加固钙质砂的剪胀性随加固程度的增长规律类似。(3) 在相同加固程度下，MICP 加固硅砂的剪胀性随围压的增大而降低；这与围压对 MICP 加固钙质砂剪胀性的影响相同。

4.4 微生物土三轴固结不排水强度特性

4.4.1 峰值应力比

表 4-1 给出了不同加固程度、不同围压条件下, MICP 加固钙质砂试样在三轴固结不排水试验中得到的峰值有效应力比。从表中可以看出随着围压的增大, 钙质砂的峰值有效应力比有所降低; 而随着加固程度的提高, MICP 加固钙质砂的峰值有效应力比在增大。对比 Montaya 等 [44] 针对不同 MICP 加固程度的石英砂试样, 在 100 kPa 围压条件下三轴固结不排水试验中得到的峰值有效应力比的结果可以看出: 经过 MICP 加固处理后, 钙质砂与石英砂的峰值应力比都有所提升。其中, 加固程度最弱的试样与未加固试样的峰值应力比相差较小, 即: 未加固钙质砂试样 (CU1) 在 100 kPa 围压下的峰值应力比为 1.730, 加固程度最弱的钙质砂试样 (CU4) 在 100 kPa 围压下的峰值应力比则为 1.797, 同比增长了 0.04; 未加固石英砂 (V_s = 190 m/s) 的峰值应力比为 1.30, 加固程度最弱的石英砂试样 (V_s = 300 m/s) 的峰值应力比为 1.33, 同比增长了 0.03。而加固程度较高的试样的峰值应力比则有大幅的提高, 如: 加固程度较高的钙质砂试样 (CU13) 在 100 kPa 围压下的峰值应力比从未加固钙质砂 (CU1) 的 1.730 提高至 2.389; 加固程度较高的石英砂试样 (V_s = 1400 m/s) 的峰值应力比从未加固石英砂 (V_s = 190 m/s) 的 1.30 提高至 1.91。MICP 加固钙质砂与石英砂的峰值应力比均随加固程度的提高而增大。

表 4-1 MICP 加固钙质砂三轴固结不排水试验的峰值应力比 [154]

试验编号	反应液配方	反应液用量 V_c/L	加固因子 R_c	有效围压 σ_3'/kPa	峰值有效应力比 $(q/p')_f$
CU1		0	0	100	1.730
CU2		0	0	200	1.691
CU3		0	0	400	1.642
CU4		0.1	0.5	100	1.797
CU5		0.1	0.5	200	1.746
CU6		0.1	0.5	400	1.687
CU7	0.5M 氯化钙 +0.5M 尿素	0.2	1.0	100	1.925
CU8		0.2	1.0	200	1.864
CU9		0.2	1.0	400	1.763
CU10		0.3	1.5	100	2.189
CU11		0.3	1.5	200	2.086
CU12		0.3	1.5	400	1.908
CU13		0.4	2.0	100	2.389
CU14		0.4	2.0	200	2.247
CU15		0.4	2.0	400	1.999

图 4-14 为不同加固程度的钙质砂试样的峰值有效应力比与围压的关系。从图中可以看出：(1) 在同一围压下，未加固钙质砂试样的峰值有效应力比最小，加固程度最弱的试样 (0.5M 100 ml) 与未加固钙质砂试样的峰值有效应力比较为接近，加固程度较高的试样 (0.5M 400 ml 和 0.5M 300 ml) 的峰值有效应力比明显高于未加固钙质砂；总体来看，峰值有效应力比随加固程度的提高而增大。(2) 随着围压的增大，加固程度较高的试样 (0.5M 400 ml 和 0.5M 300 ml) 的峰值有效应力比大幅下降，而加固程度最弱的试样 (0.5M 100 ml) 与未加固钙质砂试样的峰值有效应力比只是略有降低，说明围压对钙质砂峰值应力比的影响随加固程度的增大而增大。(3) 由于围压越大，加固程度高的试样的峰值有效应力比下降程度越大，所以不同加固程度试样的峰值有效应力比的差值随围压增大而减少。

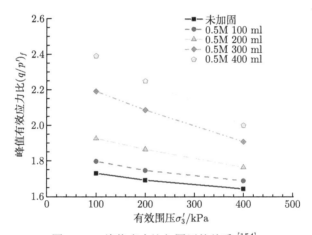

图 4-14   峰值应力比与围压的关系 [154]

为了阐述 MICP 加固对钙质砂峰值应力比的影响，绘制微生物加固钙质砂试样的峰值应力比随加固因子的变化关系，如图 4-15 所示。从图中可以看出：在相同围压下，MICP 加固钙质砂的峰值有效应力比均随加固因子的增加呈指数增长模式，说明钙质砂的峰值应力比受 MICP 加固程度的影响很大。

图 4-16 为 Cui 等 [172] 利用 MICP 加固标准砂在不同围压下的三轴固结不排水试验中得到的峰值强度与方解石含量 (加固程度) 的关系曲线。从图中可以看出：(1)MICP 加固标准砂的峰值偏应力随加固程度的增大呈指数增长，这与 MICP 加固钙质砂得到的结论相似。(2) 围压对峰值偏应力有较大的影响，具体表现为：围压越大，MICP 加固标准砂的峰值偏应力越大。

通过前面的分析可以看出加固程度与围压对 MICP 加固钙质砂的峰值有效应力比均有很大的影响。为了更好地说明 MICP 加固对钙质砂强度提升的作用，将不同围压、不同加固程度的钙质砂经 MICP 处理后实测的峰值有效应力比，分别除以该围压下未加固钙质砂试样的峰值有效应力比进行归一化处理，作为 MICP 加固钙质砂的归一化峰值强度。如图 4-17 所示，以加固因子 R_c 作为横坐标，以 MICP 加固钙质砂的归一化峰值强度作为纵坐标，绘制 MICP 加固钙质砂的归一化峰值强度随加固因子的变化图。从图中可以看出：(1) 加固程度弱的钙质砂试样 (0.5M 100 ml) 的归一化峰值强度变化不大，与未加固钙质砂接近；当反应液用量增加至 200 ml 时，MICP 加固钙质砂试样的归一化峰值强度与未加固钙质砂相比略有提高；随着加固因子的增大，MICP 加固钙质砂归一化峰值强度的提高越来越明显。(2) 在相同围压下，MICP 加固钙质砂的归一化峰值强度随加固因子的提高呈指数增长趋势。(3) 在同一加固程度下，MICP 加固钙质砂的归一化峰值强度随围压的增大而降低；并且加固因子越高，差异越明显。

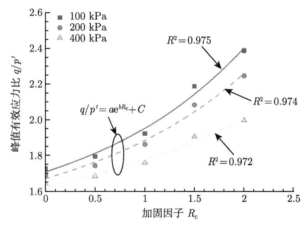

图 4-15　峰值应力比与加固因子的关系 [154]

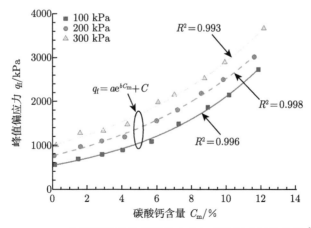

图 4-16　MICP 加固标准砂的峰值偏应力与碳酸钙含量的关系 [172]

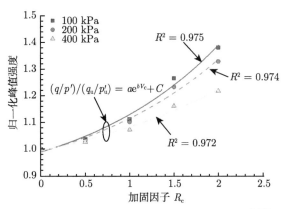

图 4-17 归一化峰值强度与加固因子的关系 [154]

图 4-18 为 Cui 等 [172] 将 MICP 加固标准砂的峰值偏应力, 除以未加固标准砂的峰值偏应力进行归一化处理得到的归一化峰值强度与方解石含量 (加固程度) 的关系曲线。从图中可以看出: (1) 经过四次处理后 MICP 加固标准砂的峰值强度与未加固标准砂相比略有提高; 当加固程度更高时, 峰值强度的提升也会更大。这与 MICP 加固钙质砂的规律相似, 峰值强度都是在加固较弱时略有提高, 而后随着加固程度的提高又大幅提升。(2) 在同一围压下, MICP 加固标准砂的归一化峰值强度随加固程度的提高呈指数增长趋势, 这与 MICP 加固钙质砂峰值强度增长规律相同; 不同的是 MICP 加固标准砂得到的归一化峰值强度更高, 这主要是由加固程度来决定的。(3) 在相同加固程度条件下, 围压大的 MICP 加固标准砂试样对应的归一化峰值强度越小, 并且这种差异随加固程度的提高而增大, 这与 MICP 加固钙质砂得到的结论一致。

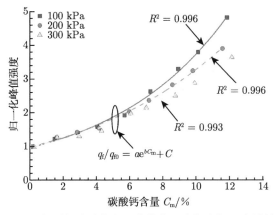

图 4-18 MICP 加固标准砂的归一化峰值强度与方解石含量的关系 [172]

4.4.2 破坏包线

通过绘制不同加固程度、不同围压条件下钙质砂试样的峰值偏应力与对应的有效平均主应力的关系，给出了 MICP 加固钙质砂的破坏包线，如图 4-19 所示。从图中可以看出: (1) 同一加固程度的 MICP 加固钙质砂试样在三个不同围压下得到的破坏包线近似为线性关系。(2) 钙质砂经过 MICP 加固处理后，破坏包线高于未加固钙质砂，其中加固程度较弱的试样 (0.5M 100 ml) 与未加固钙质砂比较接近，而加固程度较高的试样 (0.5M 400 ml 和 0.5M 300 ml) 则明显高于未加固钙质砂，MICP 加固钙质砂的破坏包线随加固程度的增大而提高。

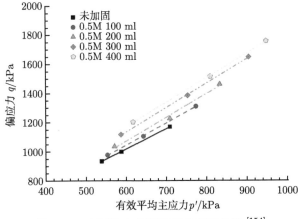

图 4-19 MICP 加固钙质砂的破坏包线 [154]

图 4-20 为 Cui 等 [172] 利用 MICP 加固标准砂的峰值偏应力与有效平均应力

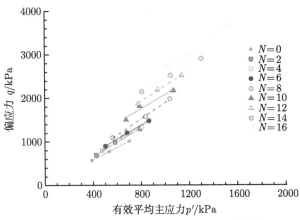

图 4-20 MICP 加固标准砂的破坏包线 [172]

的关系得到的破坏包线。从图中可以看出：(1) 在三个不同围压下所有 MICP 加固标准砂试样的破坏包线近似线性，与 MICP 加固钙质砂的线性破坏包线一致。(2) MICP 加固标准砂试样的破坏包线随加固次数 N 的增加而提高，尤其是加固次数 $N \geqslant 8$ 的试样提升非常显著。这与 MICP 加固钙质砂的规律类似。

4.4.3　脆性指数

已有研究表明，通过加入胶结剂加固处理土体提高强度的同时会降低土体的延展性，如水泥胶结石英砂 [179,180]、石灰胶结砾砂 [181]、石膏胶结砾砂 [182] 等。为了评估 MICP 加固对钙质砂延展性的影响，故引入脆性指数 I_B 来衡量不同加固程度下钙质砂的脆性大小。此处，脆性指数 I_B 采用与 Consoli 等 [183] 提出的类似表达式：

$$I_B = \frac{(q/p')_f}{(q/p')_u} - 1 \tag{4-3}$$

其中，$(q/p')_f$ 为破坏有效应力比，$(q/p')_u$ 为最终有效应力比。

图 4-21 给出了不同加固程度的钙质砂试样的脆性指数与围压的关系。从图中可以看出：(1) 加固程度较弱的试样 (0.5M 100 ml) 与未加固钙质砂试样的脆性指数接近，均非常小，此时试样有较好的延展性；随着加固程度的提高，试样的脆性指数在增加，MICP 加固钙质砂试样逐渐表现出脆性特征，尤其是加固程度较高的试样 (0.5M 400 ml 和 0.5M 300 ml) 的脆性指数明显高于未加固钙质砂试样。(2) 在同一加固程度下，MICP 加固钙质砂的脆性指数随围压的增大而降低，这反映了围压对 MICP 加固钙质砂脆性的抑制作用。

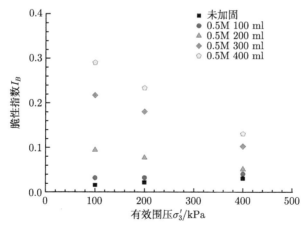

图 4-21　脆性指数与围压的关系 [154]

为了更好地说明 MICP 加固对钙质砂脆性的作用，绘制微生物加固钙质砂试

样的脆性指数随加固因子的变化关系，如图 4-22 所示。从图中可以看出：(1) 加
固程度最弱的试样 (0.5M 100 ml) 与未加固钙质砂试样在不同围压下的脆性指数
基本重合，并且值很小；随着加固因子的增大，MICP 加固钙质砂试样的脆性指数
在不同围压下的差异逐渐体现出来，并且这种差异随加固因子的提高而增大。(2)
在同一围压下，MICP 加固因子越高，试样的脆性指数越大；并且 MICP 加固钙
质砂的脆性指数随加固因子的增加呈指数增长模式，说明 MICP 加固对钙质砂脆
性的影响较大。

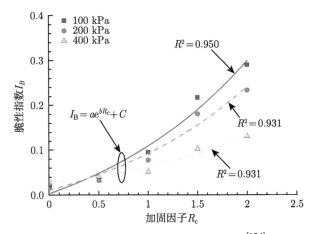

图 4-22 脆性指数与加固因子的关系 [154]

图 4-23 为 Cui 等 [172] 利用 MICP 加固标准砂在不同围压下的三轴固结不
排水试验中得到的脆性指数与碳酸钙含量 (加固程度) 的关系曲线。从图中可以看

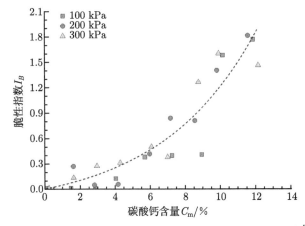

图 4-23 MICP 加固标准砂的脆性指数与碳酸钙含量的关系 [172]

出：加固程度越高，MICP 加固标准砂的脆性指数越高，MICP 加固标准砂的脆性指数随方解石含量的增加呈指数增长，这与 MICP 加固钙质砂得到的结论相似。

4.5   微生物土三轴固结排水强度特性

4.5.1   峰值强度

根据《土工试验规程》(SL 237—1999)[176] 的规定，如果偏应力-轴向应变关系曲线有峰值，则将峰值偏应力作为峰值强度；若曲线无峰值，则取 15％轴向应变对应的偏应力作为峰值强度。根据上述规定以及应力-应变关系曲线，可以得到不同加固程度、不同围压条件下 MICP 加固钙质砂三轴固结排水试验的峰值强度，如表 4-2 所示。

表 4-2   MICP 加固钙质砂三轴固结排水试验的峰值强度 [154]

试验编号	反应液配方	反应液用量 V_c/L	加固因子 R_c	有效围压 σ_3'/kPa	峰值强度 q_f/kPa
CD1		0	0	100	563.72
CD2		0	0	200	896.16
CD3		0	0	400	1466.53
CD4		0	0	600	1861.71
CD5		0.2	1	100	663.96
CD6		0.2	1	200	1017.08
CD7		0.2	1	400	1587.42
CD8	0.5M 氯化钙	0.2	1	600	1896.87
CD9	+0.5M 尿素	0.4	2	100	935.47
CD10		0.4	2	200	1312.98
CD11		0.4	2	400	1866.42
CD12		0.4	2	600	2197.29
CD13		0.6	3	100	1414.06
CD14		0.6	3	200	1629.97
CD15		0.6	3	400	2059.66
CD16		0.6	3	600	2563.41

图 4-24 给出了不同加固程度的钙质砂试样的峰值强度与围压的关系。从图中可以看出：(1) 在相同围压下，MICP 加固钙质砂的峰值强度随加固程度的提高而增大；其中，未加固钙质砂试样的峰值强度最小，加固程度较弱的试样 (0.5M 200 ml) 与未加固钙质砂试样的峰值强度较为接近，而加固程度较高的试样 (0.5M

400 ml 和 0.5M 600 ml) 的峰值强度明显高于未加固钙质砂。(2) 在相同加固程度下，MICP 加固钙质砂试样的峰值强度随围压的增大而增大。

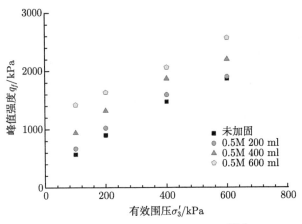

图 4-24   峰值强度与围压的关系 [154]

图 4-25 为 Lin 等 [171] 利用 MICP 加固不同粒径的硅砂 (渥太华 50/70 砂、渥太华 20/30 砂)，以及未加固的硅砂在不同围压下 (25 kPa、50 kPa、100 kPa) 得到的峰值强度与围压的关系图。从图中可以看出：(1) 两种粒径 (渥太华 50/70 砂、渥太华 20/30 砂) 的硅砂，经 MICP 加固处理后的峰值强度均高于未加固硅砂；这与 MICP 加固可以提高钙质砂的峰值强度的结论一致。(2) 未加固硅砂与 MICP 加固硅砂的峰值强度均随围压的提高而增大；这与围压对未加固钙质砂及 MICP 加固钙质砂的影响相同。

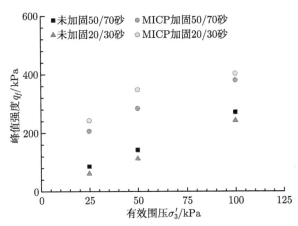

图 4-25   不同粒径的 MICP 加固硅砂的峰值强度与围压的关系 [171]

　　图 4-26 为 Feng 和 Montoya[47] 针对四种不同 MICP 加固程度的硅砂 (分别为未加固、弱加固、中等加固、强加固) 在三个不同有效围压下 (100 kPa、200 kPa、400 kPa) 开展的三轴固结排水试验得到的峰值强度与围压的关系图。从图中可以看出：(1) 在同一围压下，未加固硅砂的峰值强度最小，弱加固硅砂的峰值强度与未加固硅砂接近，中等加固程度的硅砂峰值强度高于弱加固硅砂，强加固硅砂的峰值强度明显高于其他试样；说明随加固程度的提高，MICP 硅砂的峰值强度在增大，这与 MICP 加固钙质砂峰值强度随加固程度的提高而增大的规律一致。(2) 在同一加固程度下，围压越高，MICP 加固硅砂的峰值强度越大；这与 MICP 加固钙质砂试样的峰值强度增长规律一致。

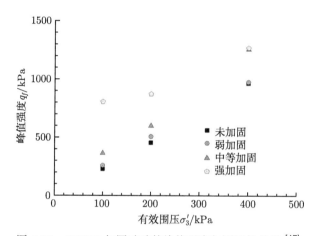

图 4-26　MICP 加固硅砂的峰值强度与围压的关系 [47]

　　通过上述分析可以看出无论是硅砂还是钙质砂，经 MICP 加固处理后峰值强度均随加固程度的提高而增大，随围压的增大而增大，只是砂的类型不同，其峰值强度的值有较大差异。为了更好地对比说明 MICP 加固作用对砂峰值强度的提升，故引入一个峰值强度加固系数 R_{p} 来评价 MICP 加固对不同类型砂的强度影响：

$$R_{\mathrm{p}} = \frac{q_f}{q_{f0}} \tag{4-4}$$

其中，q_f 和 q_{f0} 分别代表的是同一种砂在相同围压下经 MICP 加固处理与未加固试样的峰值强度。

　　将不同加固程度的钙质砂经 MICP 处理后，实测的峰值强度除以该围压下未加固钙质砂试样的峰值强度得到了 MICP 加固钙质砂的峰值强度加固系数，分别计算不同围压下 MICP 加固钙质砂试样的峰值强度加固系数，结果如表 4-3 所示。

绘制 MICP 加固钙质砂峰值强度加固系数与围压的关系, 如图 4-27 所示。从图中可以看出: (1) 不同加固程度的 MICP 加固钙质砂试样在围压从 100 kPa 到 600 kPa 条件下的峰值强度加固系数均大于 1, 表明 MICP 加固可以有效提高钙质砂的抗剪性能。(2) 峰值强度加固系数随反应液用量的增加而增大, 其中加固程度较低 (0.5M 200 ml) 的钙质砂试样的峰值强度加固系数平均值为 1.10, 而加固程度较高 (0.5M 600 ml) 的钙质砂试样的峰值强度加固系数的平均值则高达 1.78; 表明加固程度越高 (反应液用量越多), 钙质砂抗剪强度提高幅度越大。(3) 峰值强度加固系数与围压大小有关, 即随着围压的增大, 峰值强度加固系数在减小, 如在 100 kPa 围压条件下反应液用量为 200 ml、400 ml 和 600 ml 的 MICP 加固钙质砂对应的峰值强度加固系数 R_p 依次为 1.18、1.66 和 2.51, 而在 600 kPa 围压条件下反应液用量为 200 ml、400 ml 和 600 ml 的 MICP 加固钙质砂对应的峰值强度加固系数 R_p 依次降低为 1.02、1.18 和 1.38。

表 4-3 MICP 加固钙质砂的峰值强度加固系数 [154]

σ_3'/kPa	R_p			
	$V_c = 0$	$V_c = 200$ ml	$V_c = 400$ ml	$V_c = 600$ ml
100	1	1.18	1.66	2.51
200	1	1.13	1.47	1.82
400	1	1.08	1.27	1.40
600	1	1.02	1.18	1.38

图 4-28 是根据 Feng 和 Montoya[47] 针对四种不同 MICP 加固程度的硅砂 (分别为未加固、弱加固、中等加固、强加固) 在三个不同有效围压下 (100 kPa、200 kPa、400 kPa) 三轴固结排水试验的结果整理得到的 MICP 加固硅砂的峰值强度加固系数与围压的关系。从图中可以看出: (1) 与 MICP 加固钙质砂类似, 不同 MICP 加固程度的硅砂在围压从 100 kPa 到 400 kPa 条件下的峰值强度加固系数均大于 1, 说明 MICP 加固可以有效提高硅砂的抗剪强度。(2)MICP 加固硅砂的峰值强度加固系数随加固程度的提高而增大, 其中弱加固程度的硅砂峰值强度加固系数平均值为 1.08, 中等加固程度的硅砂峰值强度加固系数平均值为 1.40, 强加固程度的硅砂峰值强度加固系数平均值为 2.25, 说明 MICP 加固程度越高, 硅砂抗剪强度提高幅度越大; 这与 MICP 加固钙质砂受加固程度的影响相同。(3) 随着围压的增大, MICP 加固硅砂的峰值强度加固系数在减小, 如在 100 kPa 围压条件下 MICP 加固硅砂从弱加固到强加固的峰值强度加固系数 R_p 依次为 1.13、1.60 和 3.52, 而在 400 kPa 围压条件下 MICP 加固硅砂从弱加固到强加固的峰值强度加固系数 R_p 依次降低为 1.01、1.30 和 1.31; 这与 MICP 加固钙质砂的峰值强度加固系数随围压增大而降低的规律相似, 并且加固程度高的试样降幅最为显著。

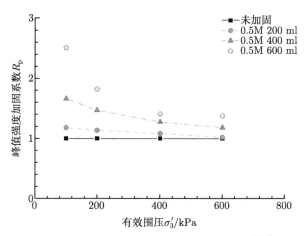

图 4-27   峰值强度加固系数与围压的关系 [154]

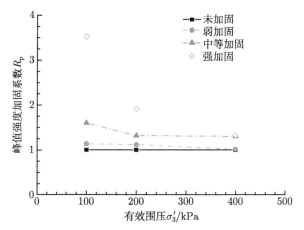

图 4-28   MICP 加固硅砂的峰值强度加固系数与围压的关系 [47]

4.5.2   强度指标

不同加固程度条件下的 MICP 加固钙质砂的静力强度指标，如表 4-4 所示。从表中可以看出：MICP 加固对钙质砂的内摩擦角影响有限，加固后试样的内摩擦角与未加固钙质砂相比只是略有提高，通常在 1° 左右；而经过 MICP 加固处理后，微生物诱导生成的碳酸钙结晶的胶结作用使 MICP 加固钙质砂的黏聚力有了明显的提升，即加固程度越高，MICP 加固钙质砂的黏聚力越大。

根据莫尔–库伦破坏准则，砂土的抗剪强度表达式为

$$\tau = \sigma \cdot \tan \varphi \tag{4-5}$$

表 4-4 MICP 加固钙质砂的强度指标 [154]

反应液配方	反应液用量 V_c/L	加固因子 R_c	内摩擦角 φ/(°)	黏聚力 c/kPa
	0	0	41.6	0
0.5M 氯化钙 +0.5M 尿素	0.2	1	42.1	15.1
	0.4	2	42.3	51.9
	0.6	3	42.8	131.4

土的极限平衡条件为

$$\sin \varphi = \frac{\sigma_1 - \sigma_3}{\sigma_1 + \sigma_3 + 2c \cdot \cot \varphi} \tag{4-6}$$

基于莫尔–库伦破坏准则，提出了适用于未加固钙质砂以及 MICP 加固钙质砂的统一强度理论 [154]，如图 4-29 所示。即

$$\tau = -13 \times \left(1 - e^{0.8R_c}\right) + \sigma \cdot \tan \left(\varphi_0 + 0.4R_c\right) \tag{4-7}$$

$$\sigma_1 - \sigma_3 = (\sigma_1 + \sigma_3) \cdot \sin \left(\varphi_0 + 0.4R_c\right) - 2 \times 13 \left(1 - e^{0.8R_c}\right) \cdot \cos \left(\varphi_0 + 0.4R_c\right) \tag{4-8}$$

其中，φ_0 为未加固钙质砂的内摩擦角，R_c 为固化因子。

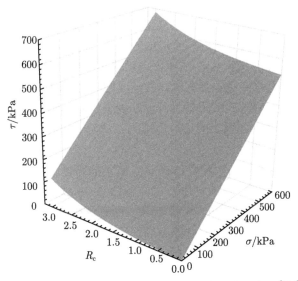

图 4-29 考虑 MICP 加固作用的统一强度理论三维图 [154]

表 4-5 是 Feng 和 Montoya[47] 针对不同 MICP 加固程度的硅砂在三轴固结排水试验中得到的 MICP 加固硅砂的强度指标。从表中结果可以看出：与 MICP 加固对钙质砂静力强度指标的影响不同，MICP 加固对硅砂的内摩擦角强度参数影响较大，特别是对于中等加固硅砂和强加固硅砂，内摩擦角从初始的 33° 最高提升至 41°；但是，MICP 对硅砂黏聚力参数的影响是有限的，特别是弱加固硅砂和中等加固硅砂，黏聚力的增加均在 10 kPa 以下，而强加固硅砂的黏聚力也只有 59 kPa。

表 4-5   MICP 加固硅砂的强度指标 [47]

MICP 加固程度	内摩擦角 $\varphi/(°)$	黏聚力 c/kPa
未加固	33	0
弱加固	33～34	5～0
中等加固	37～38	9～0
强加固	38～41	59～0

4.5.3   脆性指数

为了定量评价 MICP 加固对钙质砂延展性的影响，采用 Consoli 等 [183] 提出的脆性指数 I_B 来衡量：

$$I_B = \frac{q_f}{q_u} - 1 \tag{4-9}$$

其中，q_f 为峰值偏应力，q_u 为最终偏应力。

图 4-30 给出了不同围压条件下 MICP 加固钙质砂试样的脆性指数随加固因子的变化关系。其中，横坐标代表的是加固因子 R_c；纵坐标代表的是不同加固程度下钙质砂试样的脆性指数 I_B。从图中可以看出：未加固钙质砂在不同围压下的脆性指数均为 0，说明钙质砂具有较好的延展性；经 MICP 加固处理后，试样的脆性指数开始增大，MICP 加固钙质砂逐渐表现出脆性特征；并且 MICP 加固钙质砂的脆性指数会随加固因子的增加而增大，说明加固程度越高，MICP 加固钙质砂试样的脆性越显著。

图 4-31 给出了不同加固程度的钙质砂试样的脆性指数与围压的关系。从图中可以看出：加固程度较弱的钙质砂试样 (0.5M 200 ml) 在低围压下 (100 kPa 和 200 kPa) 脆性指数分别为 0.59 和 0.46，而在高围压下 (400 kPa 和 600 kPa) 脆性指数几乎降低为 0；加固程度较高的钙质砂试样 (0.5M 600 ml) 在 100 kPa、200 kPa、400 kPa 和 600 kPa 围压条件下对应的脆性指数分别为 1.28、1.08、0.68 和 0.57。说明围压越小，MICP 加固钙质砂的脆性指数越大；并且脆性指数随围压的增大在降低，这反映了围压对 MICP 加固钙质砂脆性的抑制作用。

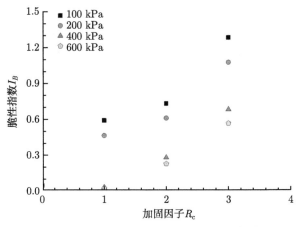

图 4-30　脆性指数与加固因子的关系 [154]

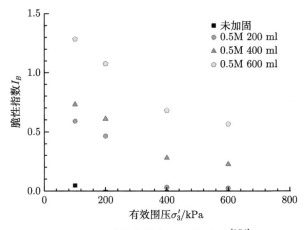

图 4-31　脆性指数与围压的关系 [154]

图 4-32 为 Lin 等 [171] 利用 MICP 加固不同粒径的硅砂 (渥太华 50/70 砂、渥太华 20/30 砂)，以及未加固的硅砂在不同围压下 (25 kPa、50 kPa 和 100 kPa) 得到的脆性指数与围压的关系。从图中可以看出: (1) 与未加固钙质砂类似，不同粒径 (渥太华 50/70 砂、渥太华 20/30 砂) 的未加固硅砂在各个围压下的脆性指数几乎都为 0，此时硅砂也有较好的延展性；经 MICP 加固处理后硅砂试样的脆性指数均大于 0，表现出脆性特征，这与 MICP 加固会增加钙质砂脆性的结论一致。(2) 不同粒径的 MICP 加固硅砂试样的脆性指数在 25 kPa 围压条件下最大，随着围压的增大，脆性指数在降低，这与围压对 MICP 加固钙质砂的影响相同。

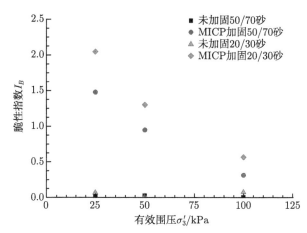

图 4-32   不同粒径的 MICP 加固硅砂的脆性指数与围压的关系 [171]

图 4-33 为 Feng 和 Montoya[47] 针对四种不同 MICP 加固程度的硅砂 (分别为未加固、弱加固、中等加固、强加固) 在三个不同有效围压下 (100 kPa、200 kPa和 400 kPa) 开展的三轴固结排水试验得到的脆性指数与围压的关系。从图中可以看出: (1) 随着加固程度的提高，MICP 加固硅砂的脆性指数在增大，尤其是强加固硅砂试样的脆性指数的提升尤为显著，这与 MICP 加固钙质砂峰值强度随加固程度的提高而增大的规律一致。(2) 在同一加固程度下，围压越小，MICP 加固硅砂的脆性指数越大；这与 MICP 加固钙质砂试样的脆性指数随围压的增大而减小的规律一致。

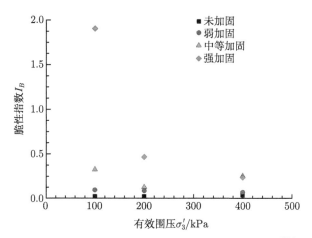

图 4-33   MICP 加固硅砂的脆性指数与围压的关系 [47]

4.6 本章小结

本章主要通过三轴固结排水试验、三轴固结不排水试验，对 MICP 加固钙质砂的应力–应变特性、体变特性、孔压–应变特性、剪切强度特性等进行了系统地研究。本章所得主要结论如下：

(1) 在三轴固结不排水试验中，MICP 加固钙质砂的应力–应变特性由应变硬化逐步向应变软化过渡；并且围压对 MICP 加固钙质砂的应变软化特性有抑制作用。MICP 加固钙质砂的孔压发展规律相似，均是先剪缩后剪胀；并且剪胀性是随着加固程度的增大而增大。MICP 加固钙质砂试样与未加固钙质砂的有效应力路径均呈反 S 曲线状，但由于钙质砂经 MICP 加固后，剪胀增加，有效应力路径高于未加固的钙质砂，且加固程度越高，提升越明显。

(2) 在三轴固结排水试验中，钙质砂经 MICP 加固处理后应力–应变特性由应变硬化型逐步转变为应变软化型，并且经 MICP 加固处理后，试样由延性破坏转变为脆性破坏。未加固钙质砂在围压较小表现为先剪缩后剪胀，而当围压较大则表现出绝对剪缩；钙质砂经 MICP 加固后剪胀性在增大，随着加固程度的提高，MICP 加固钙质砂试样的剪缩特性不断减弱，逐渐转变为剪胀特性。

(3) 在三轴固结不排水试验中，MICP 加固钙质砂的峰值有效应力比均随加固因子的增加呈指数增长模式。MICP 加固钙质砂的破坏包线随加固因子的增大而提高。在同一围压下，MICP 加固因子越高，试样的脆性指数越大；并且 MICP 加固钙质砂的脆性指数随加固因子的增加呈指数增长模式。

(4) 在三轴固结排水试验中，MICP 加固钙质砂的峰值强度随加固因子的提高而增大，随围压的增大而增大。MICP 加固对钙质砂的内摩擦角影响有限，而对黏聚力有明显的提升作用，即加固因子越高，MICP 加固钙质砂的黏聚力越大。MICP 加固钙质砂的脆性指数会随加固因子的增加而增大，说明加固程度越高，MICP 加固钙质砂试样的脆性越显著；而围压对 MICP 加固钙质砂的脆性有抑制作用。

第 5 章 微生物土动孔压与变形特性

5.1 概 述

地震灾害中往往会出现砂土液化与地基沉降的现象,其根本原因是振动过程中砂土地基内的孔隙水压力逐渐增长,最终造成土体的有效应力为零。在振动载荷作用下土体颗粒之间有发生相对滑移转动的趋势,当载荷增大时土颗粒之间的连接会逐渐发生破坏并产生不可恢复的塑性变形,此时土体产生的大变形会引起地面建筑及地下结构的不均匀沉降或侧向变形,从而导致建筑的倾倒、桥梁的倒塌,以及地下结构的破坏。因此,动力载荷作用下土体内的动孔压和变形特性是研究土的动力液化,以及土体与结构稳定性的重点问题[184]。

由于钙质砂是一种特殊海洋岩土材料,其静动力学特性与石英砂等传统陆源砂存在明显差异,钙质砂颗粒形状不规则、孔隙比大、颗粒棱角度高,具有高压缩性、低强度且易破碎的工程特性[185-190]。在地震、波浪等振动载荷作用下,钙质砂地基易出现砂土液化现象,引起构筑物的失稳或损坏,造成严重的生命、财产损失。因此,为科学地进行南海岛礁的工程建设与开发利用,我们有必要进一步开展钙质砂场地的地基加固和动力液化特性研究工作。传统的地基加固方式包括换填、振冲密实、水泥灌浆、桩基处理等[191-196],刘汉龙等[197]系统研究了MICP加固钙质砂的动力特性,结果表明钙质砂的动强度和抵抗变形的能力随着MICP加固程度的提高得到明显的改善;Xiao等[198]比较了未加固和MICP加固钙质砂的孔压和轴向应变的产生和积累,研究表明MICP的加固作用可以显著提高钙质砂的抗液化能力;Zhang等[199]开展了MICP加固钙质砂与未加固砂的振动台模型对比试验,发现MICP加固钙质砂提高了地基土的等效剪切波速、固有频率和抗剪强度,改善了钙质砂的强度和刚度。

本章详细介绍了MICP加固钙质砂的试样制备以及循环三轴试验过程,开展了关于钙质砂不同MICP加固程度、相对密实度、有效固结围压、动应力幅值等一系列循环三轴试验,讨论了MICP加固钙质砂在动力载荷作用下动孔压特性和动变形特性,发现了动孔压发展曲线的三种典型模式,提出了适用于微生物加固钙质砂的新型统一孔压模型,研究了不同因素对MICP加固钙质砂动应变曲线的影响,探讨了破坏准则的选取对MICP加固钙质砂的变形发展。

5.2 微生物土循环三轴试验

5.2.1 试验材料及仪器

本章试验所用的钙质砂取自南海永兴岛岛礁。为除去个别大颗粒、枯枝，以及砂土表面残留的盐分和微生物等杂质，首先利用 $\phi2$ mm 的筛子对钙质砂进行筛分，然后用清水冲洗砂土并用烘箱烘干。图 5-1 为试验钙质砂的颗粒级配曲线，根据 Tsuchida[200] 提出的砂土颗粒级配液化边界，可以看到试验钙质砂为易液化砂土。试验所用钙质砂的比重 (G_s) 为 2.79，最大孔隙比 (e_{max}) 为 1.79，最小孔隙比 (e_{min}) 为 1.13，不均匀系数 (C_u) 为 2.26，曲率系数 (C_c) 为 1.03，主要粒径参数 $D_{10}=0.19$ mm，$D_{30}=0.29$ mm，$D_{50}=0.38$ mm，$D_{60}=0.43$ mm。通过 X 射线荧光光谱 (XRF) 和 X 射线衍射 (XRD) 分析得出该钙质砂化学成分包含 93.7% 的钙元素、2.94% 的镁元素、1.92% 的锶元素，以及 0.44% 的钠元素等。其根据《土工试验规程》(SL237—1999) 中砂类土的分类标准，试验用砂属于级配不良砂 (SP)。

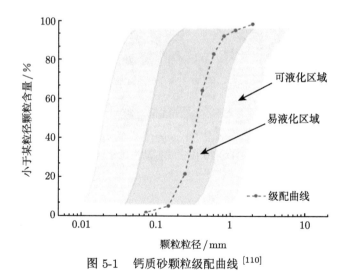

图 5-1　钙质砂颗粒级配曲线 [110]

本章室内动力试验采用的仪器为北京新技术应用研究所研制的 DDS-70 微机控制电磁式振动三轴试验系统 (如图 5-2 所示)。该系统主要包括主机、电控系统、静压控制系统和微机系统，其工作原理是将圆柱形试样置于充满无气水的三轴室内的上下活塞之间，通过气压或水压向试样施加侧向静压力，激振器和功率放大器将微机系统提供的电讯号转换为轴向激振力，并通过活塞向试样施加轴向压力。试验可实时记录振动过程的动应力、轴向位移、孔隙水压力等参数。DDS-70 电磁式振动三轴试验系统可以满足水利部行业标准 SL237—032—1999《振动三轴试验》的规程要求。该仪器的工作环境温度为 18~40℃，相对湿度 ≤85%，大气压力 500~1500 mbar，供电电源为 AC 200±22 V，50±1 Hz，功耗 2 kW。试验可选择三轴试样尺寸包括：A 类 (直径 $D = 50$ mm，高 $H = 100$ mm)，B 类 ($D = 39.1$ mm，$H = 80$ mm)。试验时可输入正弦波、方波、三角波、任意周期波 (如随机波、地震波) 等多种波形，轴向最大输出动力为 1370 N，侧向压力最大为 0.6 MPa，输入频率范围为 1~10 Hz，最大允许轴向位移为 20 mm。

图 5-2   DDS-70 电磁式振动三轴试验仪 [110]

5.2.2   试验方案与步骤

根据《土工试验规程》(SL237—1999)[176] 的要求，本章中的循环三轴试验采用直径 D =39.1 mm、高 H =80 mm 的标准试样，开展了 86 组包括不同 MICP 加固程度、不同相对密实度、不同有效围压以及不同动应力比的 MICP 加固钙质砂不排水循环三轴试验。试验采用各向同性固结，单向加载振动，振动频率为 1 Hz，试验时根据设计动循环载荷试验方案进行加载，同时记录好试验过程的应力、应变、孔压值的变化情况。

根据《土工试验规程》(SL237—1999)[176] 的要求，固结不排水三轴试验步骤主要包含装样、饱和、固结、加载等。由于微生物固化体制样的困难性，将针对微生物固化体的三轴制样过程进行详细说明：

1) 中高强度微生物加固钙质砂装样

对于中高强度的微生物固化钙质砂试样，达到指定加固次数后便已成型且不易塌散，所以可以采用传统的固化装置，如针筒、半开 PVC 模具等。

根据上述方式准备好 MICP 加固模具，进行 MICP 加固处理后，对得到的微生物加固钙质砂进行三轴装样，其具体步骤总结如下：(1) 打开加固模具轻轻取出加固好的试样，同时用小刷清洁橡皮膜表面的杂质；(2) 将试样套入直径 $D =$ 40 mm、高 $H =$ 100 mm 的特制模型筒内，将试样下端朝上放置；(3) 将试样下端的橡皮膜外翻套住模型筒，随后取出试样端部的百洁布；(4) 找平试样表面并再次清洁橡皮膜内部，随后放入一张滤纸；(5) 小心将带透水石的下试样帽塞入模型筒上部，然后轻轻翻转模型筒使得试样上端朝上；(6) 用螺丝将试样帽下端固定至压力室底座，随后翻下橡皮膜，并箍紧橡皮筋；(7) 从试样上部缓慢取出模型筒，然后套上对开模模具并用紧箍固定，将橡皮膜上端翻下反套在对开承模筒上端；(8) 取出试样端部的百洁布，找平试样表面并再次清洁橡皮膜内部；(9) 装好砂样后对准放好并旋紧压力器 (本试样所用动三轴仪上试样帽和压力器相连)，调整试样底座高度使得试样上表面正好接触上试样帽；(10) 清洁上试样帽和橡皮膜之间的细小杂质颗粒以免漏水，随后将橡皮膜上翻包裹住上试样帽，并用橡皮筋扎紧；(11) 取开对开承模筒；(12) 试样编号，并测量试样的实际高度以及三个不同高度处的直径，以计算试样的真实体积；(13) 罩上围压室，完成试样的装样过程。需要说明的是，经过 MICP 加固后，试样的实际密实度发生了一定变化，MICP 加固生成的碳酸钙造成砂样的密实度有一定变化，由于试验时，MICP 加固程度较弱，为简化试验分析，这里未考虑 MICP 加固对相对密实度的影响。

2) 低强度微生物加固钙质砂装样

针对低强度加固试样，现有固化装置具有以下缺点：①加固成型后试样无法直接安装到三轴仪器上，不利于直接作为微生物加固砂土的静动三轴试验制样器；②使用该装置制备低强度试样时，在拆样过程中会因扰动造成加固试样破坏，无法得到完整低强度试样；③装置中橡皮膜与成模筒贴合不紧密，在试样制样过程中无法很好满足设计直径要求，造成装样不均匀。因此，针对微生物胶结钙质砂加固技术的静动力特性研究试验，笔者开发出适用于低强度微生物加固钙质砂三轴试验的注浆仪器设备，如图 5-3 所示，图中数字标注分别表示为：1—对开圆筒，101—对开模 I，102—对开模 II，103—环形槽 I，104—环形槽 II，105—通孔，106—橡胶密封条，2—下试样帽，201—圆柱 I，2011—环形槽 III，2012—透水石 I，2013—出浆管，202—圆柱 II，3—紧箍环套，301—螺栓孔，302—螺栓，4—乳胶塞，401—进浆管，5—压密器，6—三轴仪底座，7—橡皮膜，8—橡胶圈，9—透水石 II。

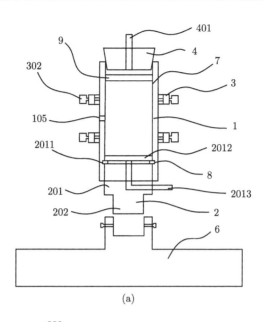

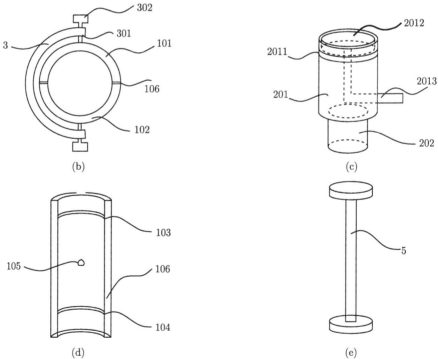

图 5-3　低强度微生物加固三轴试样制样装置组图 [201]

(a) 制样装置整体结构图；(b) 紧箍环套与对开圆筒连接示意图；(c) 下试样帽结构示意图；

(d) 对开模结构示意图；(e) 压密器示意图

该装置由模具筒、三轴仪底座和压密器组成，其中模具筒包括对开圆筒、乳胶塞和下试样帽。该装置具有如下一些特点：①对开圆筒可轴向对称地拆分为对开模 I 和对开模 II，同时对开圆筒内壁上开有环形槽 I 和环形槽 II，且环形槽 I 位于对开圆筒上部，环形槽 II 位于对开圆筒下部；②对开圆筒侧壁上开有通孔，且外部套有两个紧箍环套，可将对开圆筒夹紧；③对开圆筒的上端配有乳胶塞，乳胶塞中设有进浆管，对开圆筒的下端配有下试样帽，下试样帽为阶梯回转体，从上到下依次为同轴设置的圆柱 I 和圆柱 II，圆柱 I 侧壁上开有环形槽 III，上表面嵌有透水石 I，内部设有出浆管，出浆管连通透水石 I 底部和圆柱 I 侧壁外部；④对开模 I 和对开模 II 的拼接面上均贴有橡胶密封条，紧箍环套上设有若干螺栓孔，螺栓孔中安装有螺栓，螺栓可将对开模 I 和 II 箍紧并固定。该 MICP 加固模具的具体使用方法如下：

(1) 将橡皮膜用橡胶圈固定在下试样帽上。

(2) 把对开模 I 和对开模 II 置于橡皮膜的外表面，并用紧箍环套将对开模 I 和对开模 II 牢牢固定在一起，然后缓慢地将橡皮膜从对开圆筒中翻出。

(3) 使用真空泵通过通孔抽气，使橡皮膜紧贴模具筒内壁。

(4) 在模具筒内铺设滤纸，分层装样，并使用压密器压密试样，直至达到预定高度。在试样顶部铺设滤纸，滤纸上放置透水石 II。塞紧乳胶塞，停止抽气。将模具筒用铁架台架好。

(5) 按照设定的灌浆速率和灌浆体积通过蠕动泵灌注所需液体 (清水、菌液、反应液或混合液)，同时多余液体将从出浆管排出。整个灌浆过程试样始终处于饱和状态。

(6) 灌浆结束后关闭进浆口和出浆口，按设计要求静置砂柱数小时，使得 MICP 反应充分进行。

(7) 根据试验要求重复步骤 (5)~(6) 直至达到设计要求。

(8) 加固完成后通过蠕动泵以一定速率从进浆管灌入一定体积的去离子水，从出浆管排出试样内部的残余的加固液和微生物细菌液，随后将加固试样连同模具筒置于烘箱在 60℃ 下烘干 72 h。

(9) 将圆柱 II 插入三轴仪底座，拧紧螺栓将下试样帽固定在三轴仪底座上，并将出浆管与三轴仪下排水管相连。

(10) 拔掉乳胶塞，将三轴仪上试样帽塞入对开圆筒上端，再用橡胶圈将橡皮膜伸出部分扎紧在三轴仪上试样帽。

(11) 三轴仪通过出浆管向试样内部施加约 10 kPa 的负压，随后取下紧箍环套，并拆除对开模 I 和对开模 II。

(12) 此时 MICP 加固模具拆除完毕，后续按照三轴仪试验步骤进行后续操作。

该 MICP 加固模具有如下一些优点：①模具筒采用对开模设计方法可方便

组装及分离对开模，避免了微生物加固砂土过程以及取样过程对低强度加固试样造成破坏，从而保证试样结构的完整性；②试验制样器中的下试样帽与三轴仪底座相匹配，完成制样后可直接将模具筒安装在三轴仪上，避免装样过程对试样的扰动，以获得更可靠的土工三轴试验数据；③试验制样器中模具筒的对开模侧面设有抽气孔，竖向面贴有橡胶密封条，并用紧箍箍紧对开模，满足装样过程中通过抽气孔抽气使橡皮膜紧贴模具内壁，保证三轴制样满足标准直径要求，对开模内部和下试样帽设有一道凹槽放置橡胶圈，可有效控制试样帽安装过程的定位，并且能保证模具筒与试样帽紧贴，防止加固过程中出现侧面漏浆；④试验制样器中模具筒采用特制带刻度透明 PVC 对开模，装样过程中可透过对开模观察试样，根据相对密实度，配合使用压密器，控制装样高度，装样完成后用压密器整平试样表面，本发明可有效控制制样过程中试样的相对密实度与均匀性；⑤在灌注加固液的过程中采用饱和灌浆与静置反应相结合的方法，保证化学反应过程在试样内部充分、均匀的进行，该方法较之前的微生物灌浆加固方法提高了加固液的利用率，同时使制取的试样加固均匀性更好 [201]。

5.3 微生物土动孔压特性

国内外学者针对饱和土体孔隙水压力开展了大量试验、理论和应用方面的研究，根据现场实测数据、室内单元试验与大型模型试验探讨了孔压发展规律，并提出了多种孔压理论和模型公式。目前，关于饱和土体在不排水条件下孔隙水压力的增长模式主要可归纳为以下几类：(1) 动孔压的应力模型；(2) 动孔压的应变模型；(3) 动孔压的能量模型；(4) 动孔压的内时模型；(5) 动孔压的有效应力模型等 [184]。不同孔压模型可满足不同土性参数和应力条件下不同类别土体的孔压增长规律，揭示其孔压发展特性。

5.3.1 孔压发展时程曲线

1) 不同有效围压下动孔压时程曲线

图 5-4 是初始有效围压 $\sigma'_c = 50$ kPa、100 kPa、200 kPa 的未加固钙质砂在相对密实度 $D_r = 10\%$ 的条件下，不同循环应力比 (CSR=0.167、0.146、0.135) 作用下的典型实测动孔隙水压力发展曲线。从图中可以看出，不同有效围压条件下实测孔隙水压力曲线的形态相似，即试样的孔压增长模式和发展规律一致。试样内孔压的发展在振动初期迅速增加，随后增速变缓并进入稳定增长模式，到振动后期孔压曲线的发展再次变陡并迅速靠近初始有效围压。循环应力比对实测孔压发展曲线有一定影响，循环应力比值越大，峰值孔压的累积越迅速。

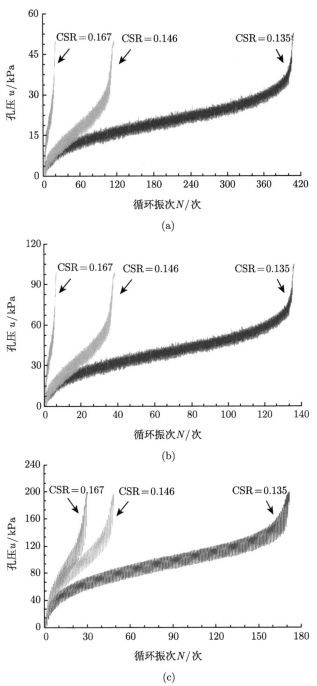

图 5-4 不同有效围压下钙质砂动孔隙水压力时程曲线 [110]

(a) $\sigma_c' = 50$ kPa; (b) $\sigma_c' = 100$ kPa; (c) $\sigma_c' = 200$ kPa

2) 不同相对密实度下动孔压时程曲线

图 5-5 是在初始有效围压 σ_c'=100 kPa 的条件下，相对密实度 $D_r = 10\%$、47%、80%时，钙质砂在不同循环应力比下的实测孔压发展曲线。从图中可以看出，不同相对密实度条件下的实测孔压曲线规律完全不同。对于松砂，其孔压增长模式近似于反正弦函数，在试样的孔隙水压力临近有效围压时孔压急剧上升，而有效应力迅速减小为零，并发生液化。对于密砂，孔压在初始振动阶段迅速增长，随后增速变缓并最终趋于稳定值。同时，当孔压发展至接近液化，孔隙水压力在单次循环内的波形变得不再稳定，在波峰附近开始出现明显锯齿状，且循环应力比越大，单次振动孔压的循环效应越大。中密砂的孔压曲线发展较平缓，其发展规律介于松砂和密砂之间，且较高循环应力比时曲线发展模式更接近密砂，较低循环动应力比时曲线发展模式更接近松砂。

3) 不同 MICP 加固程度下动孔压时程曲线

图 5-6 表示初始有效围压 σ_c'=100 kPa、相对密实度 D_r =10% 的条件下，不

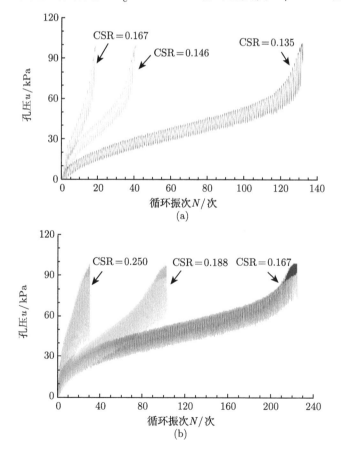

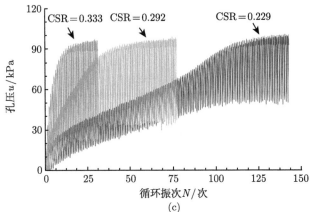

图 5-5   不同相对密实度下钙质砂动孔隙水压力时程曲线 [110]

(a) $D_r = 10\%$; (b) $D_r = 50\%$; (c) $D_r = 80\%$

同 MICP 加固程度的钙质砂在不同循环应力比的实测孔压发展曲线，其中 UL、T1L 和 T2L 分别代表未加固、MICP 加固 1 次和 2 次。从图中可以看出，不同 MICP 加固条件下的实测孔压曲线规律完全不同。经过一次 MICP 加固后，孔压曲线变得平缓，其发展模式接近于中密砂，经过两次 MICP 加固后，孔压发展的后期进一步变缓，其发展模式接近于密砂，且单次孔压的循环效应较密砂更显著，在高循环应力比时出现了负孔压。

5.3.2   典型孔压发展模式

由 5.3.1 小节中不同因素影响下的孔压发展时程曲线可以看出，试样的孔隙水压力的整体发展规律受相对密实度和 MICP 加固程度的影响较大，而有效围压对曲线发展的影响较小。这里可将孔隙水压力的发展模式大致分为如下三类：第一类 A 型孔压曲线如图 5-7(a) 所示，此时孔压发展模式可分为四个阶段：(I) 初始阶段。孔压发展的初始阶段即为循环载荷开始阶段，此时孔压增长迅速，孔压增长曲线呈上凸形，这是由于在初始状态下土体的孔隙率较大，加荷后土体发生振密，使得颗粒间孔隙变小，振动作用使得孔压急剧上升到某一程度。(II) 稳定发展阶段。在该阶段，砂土颗粒间的滑移和滚动趋于稳定，孔压发展增速变缓，试样的弹性体应变随周期载荷的变化呈正弦波动，使得孔压不断增大，此时孔压的发展呈斜置正弦曲线增长。(III) 快速发展阶段。此阶段的振动孔压累积达到一定程度，在循环振动下孔压增长速率相对于稳定增长阶段振动孔压明显增大，试样结构塑性变形开始加剧，在快速发展阶段后期，孔压曲线的波峰处开始出现凹槽，这表明试样开始出现失稳现象。(IV) 完全液化阶段。该阶段孔压的增长趋于稳定，最终孔压达到或略小于围压，试样发生初始液化，孔压曲线波峰处的凹槽趋于稳定，试样发生失稳破坏。A 型孔压曲线的发展形态类似于 S 型曲线。

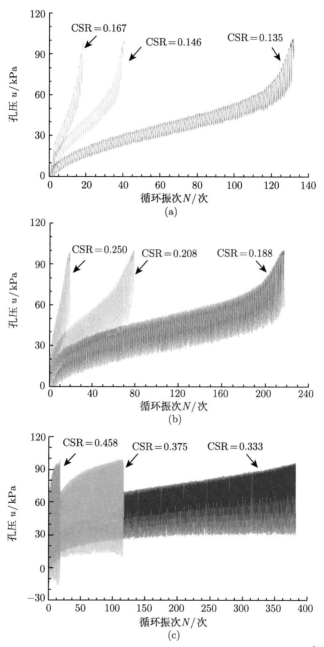

图 5-6　不同 MICP 加固程度下钙质砂动孔隙水压力时程曲线 [110]

(a) UL 砂; (b) T1L 砂; (c) T2L 砂

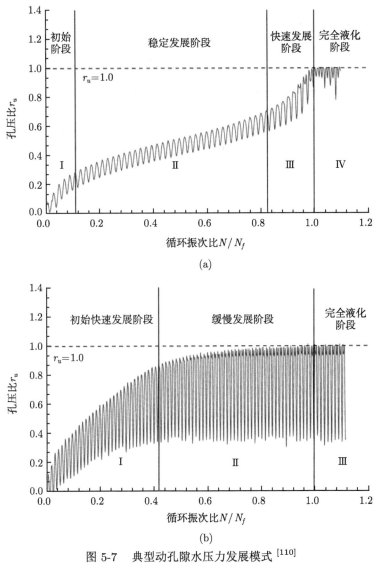

(a)

(b)

图 5-7 典型动孔隙水压力发展模式[110]

(a)A 型孔压曲线; (b)C 型孔压曲线

第二类 C 型孔压曲线如图 5-7(b) 所示, 其孔压发展模式可分为三个阶段: (I) 初始快速发展阶段。循环加载初期孔隙水压力迅速增加, 孔压增长曲线呈上凸形, 孔压比在较短循环振次比内上升到一个较大值 ($r_u > 0.5$)。(II) 缓慢发展阶段。该阶段内, 砂土颗粒间的联结出现破坏, 颗粒出现一定的相对滑移和滚动, 塑性体应变随振动次数的增加而不断累积并增大, 使得孔压比逐渐增大, 该阶段的孔压曲线在波峰处开始出现凹槽, 表明试样开始发生较大塑性变形。(III) 完全液化阶段。该阶段孔压的增长趋于稳定,此时孔压达到或略小于围压,试样发生失稳破坏,孔压曲线的波峰处的凹槽也趋于稳定。C 型孔压曲线的发展形态类似于双曲线型曲线。

第三类 B 型孔压曲线可以认为是由 A 型孔压曲线逐渐演变至 C 型孔压曲线过程中的一种孔压曲线发展模式,其曲线形态介于 A 型孔压曲线和 C 型孔压曲线之间,类似于斜 "I" 型。

对于相对密实度较低和 MICP 胶结程度较低的钙质砂试样,常出现 A 型孔压曲线发展模式,相反出现 C 型孔压曲线发展模式,其他情况下较常出现 B 型 (由 A 型向 C 型过渡) 孔压曲线发展模式。

5.3.3　动孔压模型

1) 常见孔压应力模型

从 5.3.2 小节中已揭示的规律中可知孔压发展包括三种典型模式,A 型孔压曲线的孔压增长曲线与 Seed 等提出的孔压模型具有相同类似 "S" 形态,B 型孔压曲线孔压增长曲线类似于斜 "I" 型,而 C 型孔压曲线的孔压增长曲线与双曲线模型相似。目前,针对不同砂土材料国内外已提出多种孔压模型,表 5-1 总结了几种具有代表性的孔压应力模型。

为进一步探讨 MICP 加固钙质砂在不同有效围压、不同动应力比、不同相对密实度,以及不同胶结程度的孔隙水压力发展规律,并试图寻求一种可以模拟不同条件下孔压发展特性的孔压模型,下面利用上述经典孔压应力模型分别对三种典型 MICP 加固钙质砂的孔压发展模式进行拟合,以期找到一种适用于 MICP 加固钙质砂孔压发展特性的孔压模型。图 5-8 分别为不同孔压模型对 A、B、C 型孔压曲线的拟合曲线图。

从图中可以发现,不同孔压模型对典型曲线的拟合效果不尽相同,且各有优劣。表 5-2 给出了不同孔压模型下典型曲线的拟合参数值及对应的 R^2。可以看到,对于 A 型孔压曲线,Seed、Porcino 以及 Mao 孔压模型拟合效果相对较好,其他孔压模型均不能模拟该类孔压发展趋势;对于 B 型孔压曲线,陈国兴模型、Porcino 模型以及 Mao 模型能较好地进行拟合;而对于 C 型孔压曲线,除了 Seed 模型外,其余几种模型均能较好进行拟合,且其中 Porcino 模型、半对数模型以及 Mao 模型拟合结果的 R^2 均达到 0.99 以上。根据上述分析发现,Mao 模型和 Porcino 模型对 MICP 加固钙质砂的孔压发展曲线的整体拟合度较好,两种孔压应力模型对 B 型和 C 型孔压曲线的拟合度均达到 0.99,然而对于 A 型孔压曲线,这两种孔压应力模型的拟合效果相对较差。

表 5-1 常见孔压发展应力模型 [110]

编号	孔压模型公式	参数	公式来源
1	$\dfrac{u}{\sigma_c'} = \dfrac{2}{\pi}\arcsin\left(\dfrac{N}{N_L}\right)^{\frac{1}{2\beta}}$ (5.1)	$\beta = c_1 \cdot FC + c_2 \cdot D_r + c_3 \cdot CSR + c_4$; c_1、c_2、c_3、c_4 为试验常数	Seed[202], Booker[203]
2	$\dfrac{u}{\sigma_c'} = \dfrac{1}{2} + \dfrac{1}{\pi}\arcsin\left[\left(\dfrac{N}{N_{50}}\right)^{\frac{1}{\alpha}} - 1\right]$ (5.2)	N_{50}—孔压达到 47% 时对应的振动周次 $\alpha = \alpha_1 k_c + \alpha_2$, 且 α_1, α_2 为跟密实度有关常数	Finn[204]
3	$A:\dfrac{u}{u_f} = 1 - e^{-\beta\frac{t}{t_f}}$, $B:\dfrac{u}{u_f} = \dfrac{2}{\pi}\arcsin\left(\dfrac{t}{t_f}\right)^{\frac{1}{2a}}$ $C:\dfrac{u}{u_f} = \left[\dfrac{1}{2}\left(1 - \cos\pi\dfrac{t}{t_f}\right)\right]^b$ (5.3)	β、a、b 为计算参数; u_f—界限孔压; t_f—u_f 对应的振动时间	张建民[205]
4	$\dfrac{u}{\sigma_c'} = \dfrac{N/N_L}{a + b(N/N_L)}$ (5.4)	a、b 为计算参数	陈国兴[206]
5	$\dfrac{u}{\sigma_c'} = a\ln\left(\dfrac{N}{N_L}\right) + b$ (5.5)	a、b 为计算参数	对数模型
6	$\dfrac{u}{\sigma_c'} = a\cdot\left(\dfrac{N}{N_f}\right)^b \cdot c^{\frac{N}{N_f}}$ (5.6)	a、b、c 为计算参数	Porcino[207]
7	$\dfrac{u}{u_f} = \left[1 - \left(1 - \dfrac{N}{N_f}\right)^m\right]^{1/\theta}$ (5.7)	m、θ 为计算参数	Mao[208]

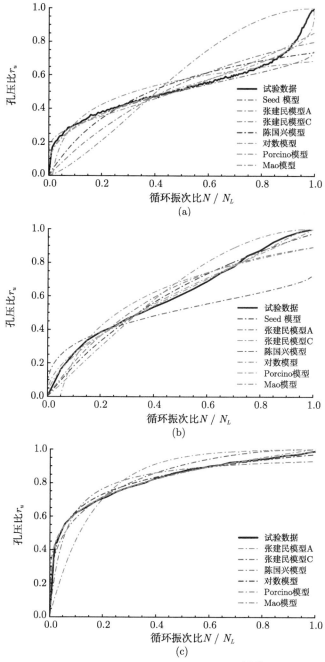

图 5-8　孔压模型的拟合结果对比[110]

(a)A 型孔压曲线；(b)B 型孔压曲线；(c)C 型孔压曲线

表 5-2 不同孔压模型的典型曲线拟合参数值 [110]

曲线类型	Seed 模型		张建民模型 C		张建民模型 A		陈国兴模型		
	β	R^2	b	R^2	a	R^2	a	b	R^2
A 型	1.45	0.87	0.67	\	1.61	0.77	0.40	0.96	0.82
B 型	1.58	0.64	0.52	0.92	2.23	0.96	0.51	0.52	0.98
C 型	\	\	0.14	0.97	6.02	0.75	0.059	1.018	0.94

曲线类型	Porcino 模型				对数模型			Mao 模型		
	a	b	c	R^2	a	b	R^2	m	θ	R^2
A 型	0.37	0.14	2.29	0.96	0.16	0.69	0.78	0.24	2.93	0.98
B 型	0.71	0.46	1.45	0.99	0.29	0.89	0.93	0.90	0.60	0.99
C 型	1.02	0.22	0.96	0.99	0.149	0.968	0.99	0.93	0.21	0.99

2) 新型统一孔压应力模型

本节对原有孔压模型进行修正，并试图找到一种孔压模型使得对 A、B、C 三种孔压发展模式的拟合结果均较好，以此来表征 MICP 加固钙质砂的孔压发展。根据图 5-8 和表 5-2 中不同孔压应力模型的曲线特性和适用性分析发现，三角函数等能较好地拟合 S 型曲线，对数函数和幂函数能较好拟合斜率逐渐减小的曲线，同时幂函数还可以很好改变曲线的形状。根据此思路，开展了孔压模型的构建与试算，通过对 Seed、Mao 和 Porcino 孔压模型进行修正，本节提出了 MICP 加固钙质砂的新型统一孔压应力模型，具体公式如下所示：

$$\frac{u}{\sigma_c'} = \frac{\alpha}{\pi} \tan\left(\beta \cdot \frac{N}{N_f}\right)^{\frac{1}{\theta}} \tag{5-1}$$

其中，α、β、θ 为经验参数。

3) 孔压模型验证

为进一步验证新型统一孔压应力模型的适用性，首先利用该孔压模型对三种典型孔压发展曲线 A、B 和 C 进行拟合分析，如图 5-9 所示。

由图 5-9 可以看出，利用该新型孔压模型得到的拟合曲线与试验所得孔压曲线能够完美地重合。因此，可以认为该孔压模型能很好地模拟不同条件下 MICP 加固钙质砂的孔压发展规律。

进一步地，表 5-3 列出了新型统一孔压应力模型对应的拟合参数 α、β、θ 取值及相应拟合度。从表中可以看出模型公式是以正切函数和幂函数为基础的复合函数；通过数据分析发现在该模型中，$1/\theta$ 作为函数幂值，其值的变化将决定曲线的形态变化，即 "S" 型，斜 "I" 型或双曲线型，而 α 与 θ 为基础函数的系数，当横坐标值 (循环振次比) 在 0~1 变化时，α 与 θ 值的大小共同决定曲线的斜率与高度。

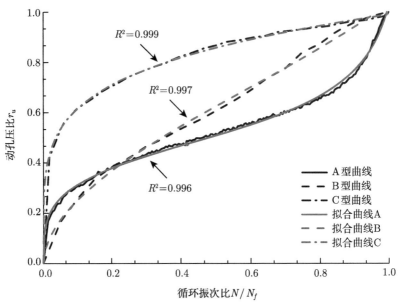

图 5-9   新型孔压模型拟合分析 [110]

表 5-3   基于新型统一孔压应力模型的典型孔压曲线拟合参数值 [110]

曲线类型	拟合参数			拟合度
	α	β	θ	R^2
A 型	1.631	1.488	3.694	0.996
B 型	3.049	0.841	1.819	0.997
C 型	7.606	0.013	4.820	0.999

4) 孔压模型发展影响因素分析

本小节利用提出的新型统一孔压应力模型对不同有效围压、动应力幅值、MICP 加固程度，以及相对密实度等多种影响因素下钙质砂试样的孔压时程进行拟合，并将拟合结果与 Mao 孔压模型拟合结果进行对比，探讨新型孔压应力模型的适用性。

图 5-10 给出了初始相对密实度 D_r =10%、有效动应力比 CSR=0.208、MICP 加固一次的钙质砂在有效围压 σ'_c =50 kPa、100 kPa、200 kPa 下的实测孔压曲线与两种孔压模型拟合曲线的对比图。从图中可以看到，该组试验数据曲线均符合 A 型孔压发展模式，若将三个子图数据重新绘制在一个坐标系内，则可以发现三组孔压曲线落在很小的范围内，结果论证了有效围压对 MICP 加固钙质砂的孔压发展曲线的线型几乎没有影响。同时，利用新型孔压模型对三组数据进行拟合的结果均非常理想，拟合曲线的 R^2 值均高于 0.99，而利用 Mao 孔压模型曲线拟合得到的三组数据的 R^2 值高于 0.98。

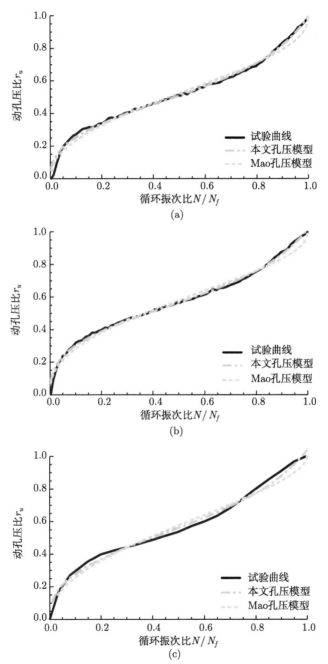

图 5-10 不同有效围压下 MICP 加固钙质砂孔压曲线拟合分析 [110]

(a)$\sigma_c' = 50$ kPa; (b) $\sigma_c' = 100$ kPa; (c) $\sigma_c' = 200$ kPa

　　图 5-11 给出了初始相对密实度 D_r =10%、有效围压 σ'_c =100 kPa、MICP 加固一次的钙质砂在有效动应力比 CSR=0.188、0.208、0.250 和 0.292 下的实测孔压曲线与两种孔压模型拟合曲线的对比图。从图中可以看到，随着动应力比的增大，孔压发展曲线逐渐由 A 型曲线发展为 C 型曲线，论证了动应力幅值对 MICP 加固钙质砂的孔压曲线线型有较大影响。同时，该组试验数据曲线均可以很好地利用本文提出的孔压模型与 Mao 孔压模型进行函数拟合，且拟合度 R^2 高于 0.97。

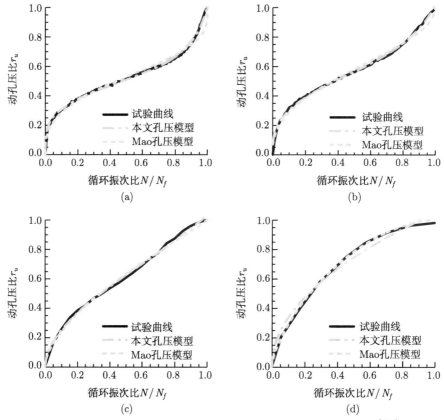

图 5-11　不同动应力比下 MICP 加固钙质砂孔压曲线拟合分析[110]

(a) CSR=0.188; (b) CSR=0.208; (c) CSR=0.250; (d) CSR=0.292

　　图 5-12 为有效围压 σ'_c =100kPa 的 MICP 加固钙质砂在初始相对密实度 D_r =10%、47% 下的实测孔压曲线与两种孔压模型拟合曲线的对比图。从图中可以看到，相较于 MICP 加固程度，试样的密实度变化对孔压规律的线型影响较小；其中，未加固松砂和中密砂孔压的曲线发展规律均接近 A 型孔压模式，MICP 加固一次钙质砂的孔压曲线发展规律接近 B 型孔压模式，而 MICP 加固两次钙质砂的孔压曲线发展规律更接近 C 型孔压模式。利用本文提出的孔压模型和 Mao 孔压模型均能对

曲线进行很好地拟合 $(R^2 > 0.99)$，且本文模型拟合度 R^2 相对更高。

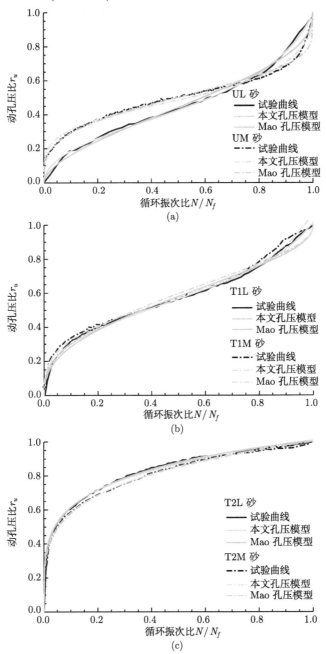

图 5-12 不同相对密实度下 MICP 加固程度钙质砂孔压曲线拟合分析 [110]

(a) CSR=0.146; (b) CSR=0.208; (c) CSR=0.375

对于不同 MICP 加固程度的钙质砂，由于其动强度大小差别较大，因此在讨论 MICP 加固程度对孔压发展影响时采用同一有效围压，但不同动应力比的试样组进行讨论。图 5-13 给出了有效围压 σ'_c =100 kPa、初始相对密实度 D_r =10% 的三组未加固、MICP 加固一次，以及 MICP 加固两次的钙质砂试样的实测孔压曲线与新型孔压模型拟合曲线的对比。从图中可以看出，随着 MICP 加固程度的提高，曲线由 A 型孔压发展模式逐渐演化为 C 型孔压发展模式。利用本文提出的新型孔压模型能够对曲线进行很好的拟合 (R^2>0.99)，且本文模型拟合效果比 Mao 孔压模型的拟合效果相对更好。为便于曲线分析，图中省去了 Mao 孔压模型的拟合曲线。

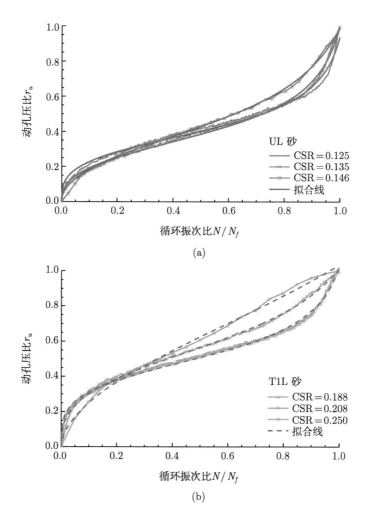

(a)

(b)

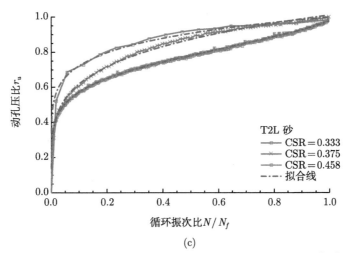

图 5-13 不同 MICP 加固程度下钙质砂孔压曲线拟合分析 [110]

(a) $\sigma'_c = 100$ kPa, $D_r = 10\%$; (b) $\sigma'_c = 100$ kPa, $D_r = 10\%$; (c) $\sigma'_c = 100$ kPa, $D_r = 10\%$

5.4 微生物土动变形特性

地基土体在受到振动载荷作用时往往会出现变形和位移,动载荷作用下土体的变形包括弹性变形和塑性变形。当动载荷很小时,土体间的颗粒联结几乎不受影响,卸载后土体骨架的微小变形迅速恢复,此时颗粒间相对移动产生的耗能很小,土体的整体变形很小,可认为没有塑性变形只有弹性变形,这种状态下的土体可认为处于理想的黏弹性力学状态。当动载荷较大时,土颗粒间的联结逐渐发生破坏,颗粒间的相对滑移和转动造成的能量损耗也较大,变形逐渐增大,卸载后土体骨架发生的变形无法完全恢复,土体表现出塑性变形特性。当动载荷增大到一定程度时,土颗粒连结将完全断开,土体将发生大变形破坏 [209]。

5.4.1 试样变形模式

在不同试验工况下,三轴试样在循环振动过程中可能出现不同的变形模式。根据试验结果,可将试样的破坏和变形模式分为如下三类,如下图 5-14 所示:

(1) 拉伸破坏型。试样在循环振动过程中动应变的发展较快,随着循环振次的增加,试样的中部或者靠近端部的某一薄弱部位被拉长,最后发生变形破坏。图 5-14(a) 和 (b) 为典型拉伸破坏型试样。拉伸破坏型试样变形模式一般发生在动应力幅值较大的试验中,且多为密实度较小的未胶结或弱胶结砂柱试样。

(2) 端部紧缩型。试样在循环振动过程中动应变的发展相对较慢,随着循环振次的增加,试样靠近端部的某一薄弱位置逐渐出现紧缩,试样被拉长直至发生破坏。图 5-14(c) 和 (d) 为典型端部紧缩型试样。端部紧缩型变形模式一般发生在相对密实度较大，以及 MICP 加固程度较高的砂柱试样中。

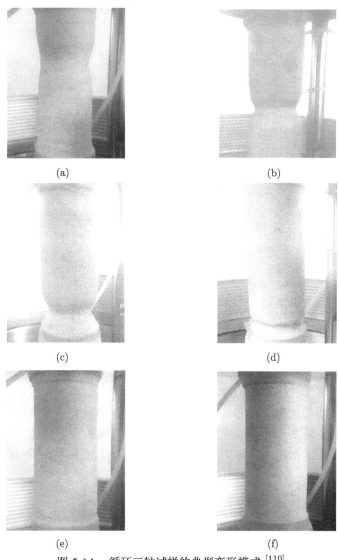

(a)   (b)

(c)   (d)

(e)   (f)

图 5-14　循环三轴试样的典型变形模式 [110]

(a) 和 (b) 拉伸破坏型；(c) 和 (d) 端部紧缩型；(e) 和 (f) 压密稳定型

(3) 压密稳定型。试样在振动过程中动应变发展很慢，随着循环振次的增加，试样被压密，试样高度逐渐变短，应变速率进一步变缓；当加载到一定振次时，变形趋于稳定，有时可以看到三轴试样中部出现鼓起现象，试样整体变形很小。图5-14(e) 和 (f) 为典型压密型变形试样。压密型变形模式较常出现于试样受到偏压固结、动应力幅值较小、密实度较大，以及加固程度较高的砂柱试样中。

5.4.2 微生物土动应变曲线发展规律

本节主要讨论了动应力幅值、有效围压大小、相对密实度，以及 MICP 加固程度等因素对动应变发展规律的影响。

1) 动应力幅值的影响

图 5-15 给出了相对密实度 $D_r = 10\%$、有效围压 $\sigma'_c = 100$ kPa 的天然钙质砂，在动应力幅值 $\sigma_d = 33.4$ kPa、29.2 kPa、27 kPa 的等向压缩固结不排水循环振动试验的动应变发展规律曲线。观察该图可以发现，试样在循环振动前期和发展过程中的大部分阶段动应变幅值均很小，而当循环振次发展至临近液化振次时，试样变形突然加剧，出现明显的屈服应变点，继而迅速发展为失稳破坏。同时，试样在整个振动发展过程中的拉、压应变振幅相似，但始终在拉伸阶段发生变形破

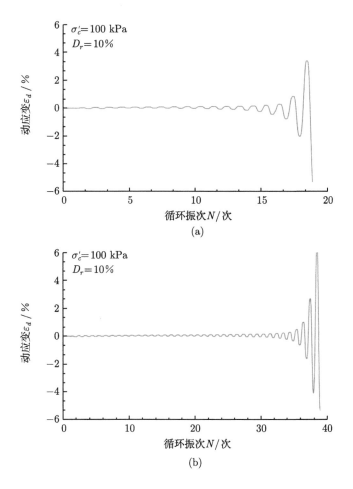

(a)

(b)

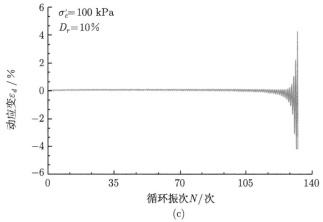

图 5-15　不同动应力下钙质砂动应变发展规律 [110]

(a) $\sigma_d = 27$ kPa; (b) $\sigma_d = 29.2$ kPa; (c) $\sigma_d = 33.4$ kPa

坏。对比三组数据可以看到动应力大小对应变曲线的发展规律几乎没有影响，但试样发生大变形破坏时所需循环振次随着动应力幅值的增大而减小，同时试样达到 5% 应变所需振次与液化振次相同。

2) 有效围压的影响

图 5-16 给出了初始相对密实度 $D_r = 10\%$，动应力比 CSR=16.7 kPa、33.4 kPa、50 kPa 的天然钙质砂，在有效围压 $\sigma_c' =$ 50 kPa、100 kPa、200 kPa 下的固结不排水循环三轴试验的动应变发展规律曲线。对比该图可以发现，不同有效围压下钙质砂的动应变发展模式基本相同，因此可以认为有效围压在 200 kPa 以内时，动应变曲线形态不受围压大小的影响。

3) 相对密实度的影响

图 5-17 给出了有效围压 $\sigma_c' =$ 100 kPa，动应力比 CSR=0.167、0.250、0.333 的天然钙质砂，在相对密实度 $D_r =$ 10%、47%、80% 的等压固结不排水循环三轴试验的动应变发展规律曲线。图 5-15 已经说明动应力大小对应变曲线发展规律没有影响，对比图 5-17 可以发现，相对密实度对钙质砂的动应变发展规律有显著影响。在循环加载前期松砂的变形可忽略不计，在循环发展后期往往突然发生较大动应变；随着相对密实度逐渐增大，动应变曲线发展逐渐变缓，随着振动的发展试样拉应变幅值相较于压应变幅值明显增大，最终达到破坏振次；当相对密实度进一步增大，动应变的发展进一步变缓，试样在受压一侧不再发生明显压缩变形，随着振次的发展，试样在受拉一侧的应变逐渐累积直到试样达到破坏振次。

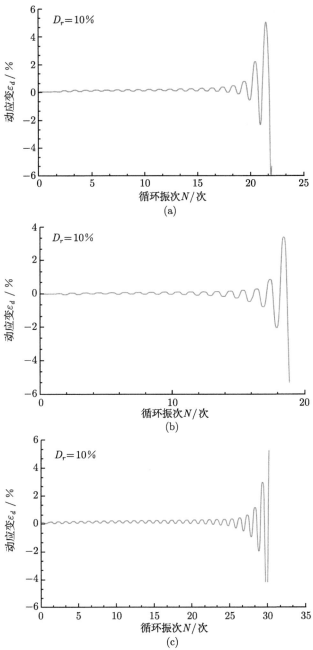

图 5-16 不同有效围压下钙质砂动应变发展规律 [110]

(a) $\sigma_c' = 50$ kPa; (b) $\sigma_c' = 100$ kPa; (c) $\sigma_c' = 200$ kPa

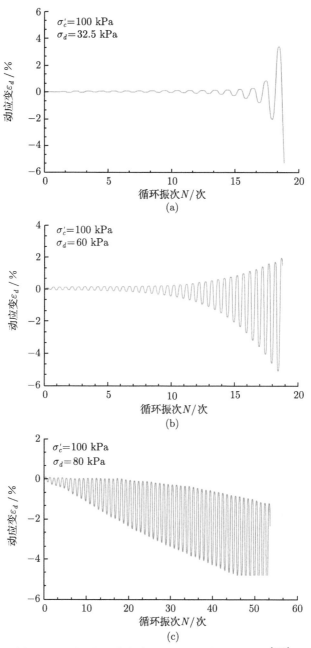

图 5-17   不同相对密实度钙质砂动应变发展规律 [110]

(a) $D_r = 10\%$; (b) $D_r = 47\%$; (c) $D_r = 80\%$

4) MICP 加固程度的影响

图 5-18 给出了有效围压 $\sigma_c' = 100$ kPa，初始相对密实度 $D_r = 10\%$，动应力 $\sigma_d = 33.3$ kPa、50 kPa、91.7 kPa 的钙质砂，在不同 MICP 加固程度下的固结不排水循环三轴试验的动应变发展规律曲线。对比该图可以发现，不同 MICP 加固程度对动应变发展模式的影响并不相同。经过 MICP 加固处理后，钙质砂的应变发展规律和曲线形态有显著影响。如前文所述，未加固松砂的变形主要出现在循环发展后期，且往往突然出现大变形；而对于 MICP 加固的钙质砂其动应变曲线发展逐渐变缓，随着振动的发展试样拉应变幅值相较于压应变幅值明显增大，最终达到破坏振次；随着 MICP 加固程度的增大动应变的发展进一步变缓，且试样在受压一侧的动应变幅值进一步减小，随着循环振次的继续发展，试样在受拉一侧的应变逐渐累积直到试样达到破坏振次。对比图 5-17 可以发现，MICP 加固松散钙质砂的动应变曲线特性与未加固中密或者密砂的动应变曲线特性相似。

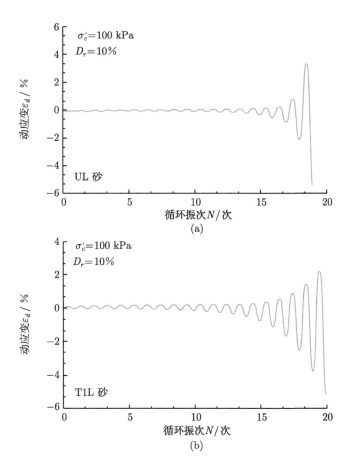

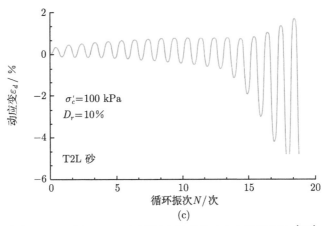

(c)

图 5-18　不同 MICP 加固程度钙质砂动应变发展规律 [110]

(a) $\sigma_d = 33.3$ kPa; (b) $\sigma_d = 50$ kPa; (c) $\sigma_d = 91.7$ kPa

5) 动应变与循环振次关系

为进一步分析应变发展规律和变形特性,对单次循环振次的峰值应变与循环振次进行分析,得到不同条件下钙质砂应变—振次关系曲线。

图 5-19 给出了不同初始相对密实度下天然钙质砂和 MICP 加固钙质砂在循环载荷下动应变与循环振次的关系曲线。从图中可以看出,试样达到 5% 应变的循环振次均随着动应力的增大而减小。具体地,在图 5-19(a) 中可以看到天然松砂的应变曲线存在一个明显的应变拐点,这点称为试样的失稳点,当循环振次达到失稳点对应振次前试样几乎没有变形,而当循环振次达到失稳点对应振次后,试样的变形迅速发展并很快出现大变形破坏。随着砂土的相对密实度提高,曲线失稳点的曲率半径有增大的趋势,这时应变规律逐渐由具有突然失稳破坏特性的"反

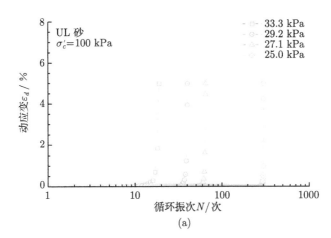

(a)

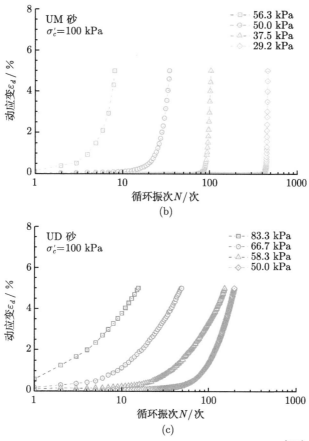

图 5-19 不同相对密实度天然钙质砂 ε_d-N 关系曲线[110]

(a) $D_r = 10\%$; (b) $D_r = 47\%$; (c) $D_r = 80\%$

L 型" 曲线发展为具有渐进破坏特性的圆弧型曲线。同时，从图 5-20 中可以发现，随着加固程度的提高，动应变曲线发展逐渐变缓，失稳拐点的曲率半径逐渐增大，试样逐渐由 "反 L 型" 曲线逐渐向圆弧型曲线过渡。另外，在相对密实度相同的条件下，不同 MICP 加固程度钙质砂的应变曲线失稳点的曲率半径随着破坏振次的增大而减小。

5.4.3 破坏标准的影响

本小节以初始液化标准作为试样的破坏标准，而 5.4.2 小节中动应变曲线发展规律表明 MICP 加固砂的变形特性更接近于中密或者密实钙质砂的变形特性。在循环加载过程中 MICP 加固钙质砂试样的孔压比 r_u 大于 0.95 时对应的动应变值往往较小，有时甚至小于 1%。经过 MICP 加固处理后，钙质砂的变形特性发生明显改变，试样的变形破坏模式由 "崩塌失稳破坏" 逐渐演变为 "渐进变形破坏"。因此，利用初始液化作为破坏标准进行分析时，土体达到破坏时对应的变形可能仍然较小，这使得试验结果偏安全。

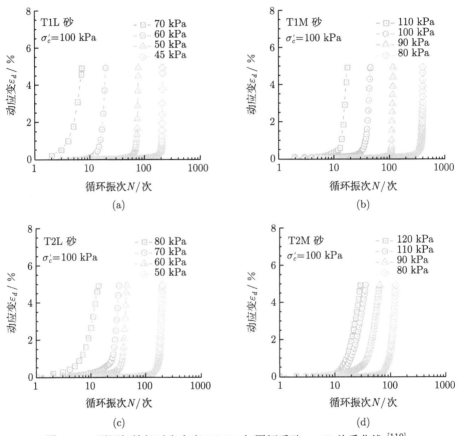

图 5-20　不同初始相对密实度 MICP 加固钙质砂 ε_d-N 关系曲线 [110]

(a) $D_r = 10\%$; (b) $D_r = 47\%$; (c) $D_r = 10\%$; (d) $D_r = 47\%$

　　为进一步探讨 MICP 加固钙质砂对变形发展特性的影响，本小节将试样的液化振次，N_L 和 5%应变振次，$N_{5\%}$ 进行对比，分析不同破坏准则下 MICP 加固钙质砂土的变形发展特性，探讨初始液化标准作为 MICP 加固钙质砂破坏准则的适用性。同时，文中也列出了不同相对密实度下钙质砂 5%动应变与液化振次的关系，一并进行讨论。图 5-21 分别给出了不同 MICP 加固程度的松砂、中密砂，以及未加固砂的 5%应变振次—液化振次关系曲线。

　　从图 5-21(a) 中可以看到，相对密实度 D_r =10%的未加固钙质砂液化振次 N_L 与 5%应变振次 $N_{5\%}$ 基本一致，其拟合曲线的斜率为的 1.002。经过一次 MICP 加固处理之后，拟合曲线的斜率变化不大，由 1.002 增加到 1.007，这表

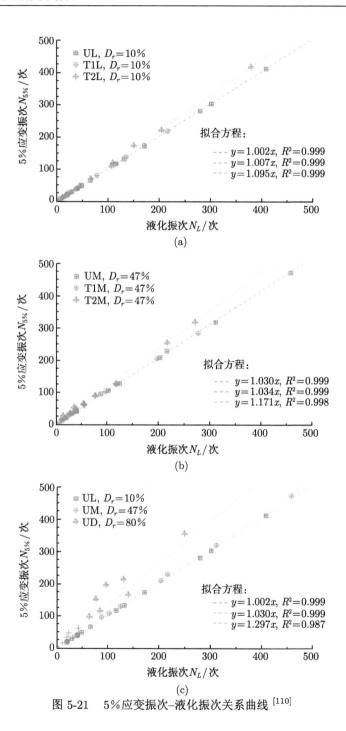

图 5-21　5%应变振次–液化振次关系曲线 [110]

明利用液化准则与 5％应变准则来判定试验的破坏结果完全一致；而经过 MICP 加固两次处理之后，其曲线斜率有较明显提升，其值达到了 1.095，此时不同破坏准则对循环振次有一定影响，试样达到 5％应变比达到初始液化需要更多循环振次。该结果表明 MICP 加固一次对砂土内部的孔隙结构和密实度影响较小，不会明显改变其变形特性；而经过两次 MICP 加固的砂样，由于内部生成了一定量的碳酸钙晶体，使得土颗粒骨架强度、孔隙结构以及密实度有一定改变，宏观上造成了变形特性的改变。分析图 5-21(b) 可以发现 MICP 加固中密钙质砂的拟合曲线发展规律与松砂基本一致，曲线斜率由初始的 1.030 增加到 MICP 加固两次的 1.165。同时，可以发现 MICP 加固中密砂的斜率始终略高于 MICP 加固松砂，这表明试样达到 5％需要的循环振次更多，MICP 加固两次中密钙质砂的液化振次对应的应变值有时甚至小于 1％，因此利用液化标准作为破坏准则使得结果进一步偏安全。同时，图 5-21(c) 给出了相对密实度对天然钙质砂 5％动应变与液化振次关系曲线的影响，可以看出相对密实度 D_r =10％的松散钙质砂与相对密实度 D_r =47％的中密钙质砂的拟合曲线斜率分别为 1.002 和 1.030，曲线斜率变化较小，可认为液化振次 N_L 与 5％应变振次 $N_{5\%}$ 相同。随着相对密实度的进一步提高，对于密实度达到 80％的密实钙质砂，拟合曲线的斜率增大为 1.29，这表明对于密砂达到 5％应变需要更多循环振次。

综上，随着 MICP 加固程度的提高，液化振次与 5％动应变曲线斜率有一定提升，同时随着密实度的提高曲线斜率也逐渐提升，试样达到 5％应变比达到初始液化需要更多循环振次。结果表明，对于 MICP 加固程度较高或者密实度较高的钙质砂，不同破坏准则对变形的发展和破坏振次有一定影响，试样达到 5％应变所需的循环振次比发生初始液化需要的振次更多。因此，利用液化标准作为破坏准则时，土体整体变形较小，试验结果偏安全。

5.5 本 章 小 结

本章详细介绍了 MICP 加固钙质砂的三轴试样制备过程，在 MICP 加固钙质砂循环三轴试验结果基础上，重点针对 MICP 加固程度、相对密实度、有效围压、动应力幅值对动孔压特性和动变形特性的影响开展了系统性研究。本章的主要结论如下：

(1) 通过对 MICP 加固钙质砂动孔压发展时程的研究发现，有效围压对孔压曲线线型影响较小，相对密实度和 MICP 加固程度对孔压曲线线型影响较大，提出了 MICP 加固钙质砂的三种典型孔压发展模式，发现了 A 型孔压曲线的发展模式可分为初始发展、稳定发展、快速发展和完全液化等四个阶段，其曲线形态类似于 S 型曲线；C 型孔压曲线的孔压发展可分为初始快速发展、缓慢发展、完全液化等三个阶段，其曲线形态类似于双曲线型；B 型孔压曲线为介于 A 型和 C 型孔压曲线之间的一种过渡孔压发展模式，其曲线形态类似于斜"I"型。

(2) 利用典型孔压应力模型对 MICP 加固钙质砂的孔压曲线进行分析，发现了 Seed、Mao 和 Porcino 孔压模型对 MICP 加固钙质砂的适用性和局限性。通过对原孔压应力模型的修正，提出了 MICP 加固钙质砂的新型统一孔压应力模型，分析了不同工况下 MICP 加固钙质砂的孔压发展曲线，验证了该模型的适用性。

(3) 发现了 MICP 加固钙质砂试样的主要变形模式可分为拉伸破坏、端部紧缩和压密稳定三种模式。通过 MICP 钙质砂动应变曲线发展特性研究发现，动应力幅值和有效围压对动应变曲线线型影响较小，相对密实度和 MICP 加固程度对动应变曲线线型影响较大。通过动应变—循环振次关系曲线探讨了 MICP 加固程度、相对密实度以及循环振次对试样失稳点和拐点曲率半径的影响。

(4) 分析了 MICP 加固钙质砂液化振次与 5%应变振次的关系曲线。发现一次 MICP 加固对曲线斜率的影响不大，两次 MICP 加固后曲线斜率有一定提升，试样达到 5%应变比达到初始液化需要更多循环振次；同时，相对密实度的改变也将影响曲线的斜率。结果表明，对于 MICP 加固程度较高或者密实度较高的钙质砂，不同破坏准则对破坏振次和变形的发展有一定影响。利用液化标准作为破坏准则分析 MICP 加固程度较高的钙质砂时，土体整体变形较小、计算动强度值偏低，试验结果偏安全。

第 6 章　微生物土液化与动强度特性

6.1　概　　述

　　土的动强度与液化特性一直是土动力学研究中的关键问题 [210]。南海海域钙质砂广泛分布，该地区在历史上发生过多次地震，其中 6 级左右的中强震较多、强震和大震也偶有发生，美国关岛地区在 1993 年发生 7.7 级大地震造成了严重的钙质砂液化破坏现象 [211,212]。在岛礁建设工程中，钙质砂也常作为防浪堤、建筑基础、机场跑道，以及大坝等的回填材料，在受到波浪冲击、地震等动力载荷作用下，海岸沿线的钙质砂地基可能发生砂土液化，以及结构的破坏，造成人民的财产损失甚至威胁人民的生命安全 [213-216]。方祥位、Khan，以及刘璐等率先利用 MICP 技术对钙质砂材料开展 MICP 加固单元试验，研究发现 MICP 加固钙质砂试样的强度与刚度较未加固钙质砂试样得到显著改善，其强度与变形特性也有别于水泥、石膏、高聚物等砂土加固试样 [217-222]。

　　本章详细讨论了 MICP 加固钙质砂的液化特性、抗液化性能、微观结构特性和动强度特性，优化了 MICP 加固钙质砂动强度经验公式，并提出了基于 MICP 加固钙质砂的统一动强度准则。

6.2　微生物土液化特性

6.2.1　砂土液化概述

　　砂土液化是指在受到外力作用时，砂土丧失原有剪切强度变为一种近似液体流动状态的现象 [210,223]。砂土发生液化时往往伴随着喷砂冒水、土体内轻型构筑物上浮、上部建筑物下陷或长距离滑移等宏观现象。对水平表面的土体，有效应力强度公式可以表示为

$$\tau_f = \sigma' \tan \varphi' + c' = (\sigma - u) \tan \varphi' + c' \tag{6-1}$$

　　由公式 (6-1) 可以看出，当孔隙水压力 u 发展到等于上覆土应力 σ 时，土体完全丧失剪切强度因而发生初始液化。砂土在振动载荷作用下发生液化需满足两个先决条件：一、振动载荷足够大使得土体结构发生破坏；二、土体结构发生破坏后颗粒之间出现压密 (而不是松胀) 的趋势。虽然砂土发生液化均需满足上述条件，但其液化机理却不尽相同，具体可分为三种类型：砂沸，流滑破坏和循环活动性。

1) 砂沸

动力作用直接引起的孔压上升或者非动力作用造成渗流场改变间接引起的孔压上升可能会导致"渗透不稳定现象",当水头变化使得饱和砂土内部孔压大于或等于上覆压力时将导致砂土发生上浮或者"沸腾"现象,此时土体完全丧失承载能力。

2) 流滑

在不排水条件下,饱和松砂受到剪切作用时土体颗粒骨架会产生不可逆转的体积压缩和变形,并引起孔压的增大和有效应力的减小,最后将导致土体发生"无限度"的流动变形。不同于砂沸现象,土体发生流滑后仍具有一定的有效应力和抗剪强度。

3) 循环活动性

在振动载荷作用下,土体在前期出现孔压上升与累积剪缩的现象,后期出现加载剪胀、卸载剪缩的交替作用的现象;振动过程中,土体内部的孔压仅在循环后期的某些特定瞬间满足液化应力条件,每个循环内峰值孔压瞬时达到有效围压。砂土的循环活动性表现为间歇性的瞬态液化和有限度的断续变形现象。

6.2.2 土液化特性

本节主要利用等向固结不排水循环三轴试验研究 MICP 加固钙质砂在循环载荷作用下的液化特性,进一步探究 MICP 加固对钙质砂液化特性的影响。

1) 循环试验中土体应力演变

试样在施加动载荷前,其初始应力状态可表示为

$$
\begin{aligned}
\sigma_{10} &= \sigma_{10}' + u_0 \\
\sigma_{30} &= \sigma_{30}' + u_0
\end{aligned}
\tag{6-2}
$$

或

$$
\begin{aligned}
q_0 &= \frac{1}{2}\left(\sigma_{10} - \sigma_{30}\right) = \frac{1}{2}\left(\sigma_{10}' - \sigma_{30}'\right) \\
p_0 &= \frac{1}{3}\left(\sigma_{10} + 2\sigma_{30}\right) = p_0' + u_0 \\
p_0' &= p_0 - u_0
\end{aligned}
\tag{6-3}
$$

式中,σ_{10} 和 σ_{30} 为初始轴向应力和侧向总应力,σ_{10}' 和 σ_{30}' 为相应的初始轴向有效应力和侧向有效应力,u_0 为初始孔隙水压力,p_0 和 p_0' 为平均围压和平均有效应力,q_0 为剪应力。

在对试样施加循环载荷后,其应力状态变为

$$
\sigma_1 = \sigma_{10} + \Delta\sigma_{1d}(t) = \sigma_1' + u
$$

$$
\sigma_3 = \sigma_{30} = \sigma_3' + u
$$

$$u = u_0 + \Delta u \tag{6-4}$$

$$\sigma_1' = \sigma_{10}' + \Delta \sigma_{1d}(t) - \Delta u$$

$$\sigma_3' = \sigma_{30}' - \Delta u$$

或

$$q = q_0 + \frac{\Delta \sigma_d(t)}{2}$$

$$p = p_0 + \frac{\Delta \sigma_d(t)}{3} = p' + u \tag{6-5}$$

$$p' = p_0' + \frac{\Delta \sigma_d(t)}{3} - \Delta u$$

式中，$\Delta \sigma_d(t)$ 为某一时刻的循环应力大小，Δu 为 $\Delta \sigma_d(t)$ 所引起的孔隙水压力的增量。

根据土的极限平衡条件，当 $\sigma_{10} + \Delta \sigma_d(t) < \sigma_{30}$ 时，试样为轴向拉伸，

$$-\Delta \sigma_{1d}(t) \leqslant \frac{2 \sin \varphi'}{1 + \sin' \varphi} \left[(p_0' - \Delta u) + q_0 / \sin \varphi' \right] \tag{6-6}$$

当 $\sigma_{10} + \Delta \sigma_d(t) \geqslant \sigma_{30}$ 时，试样为轴向压缩，

$$\Delta \sigma_{1d}(t) \leqslant \frac{2 \sin \varphi'}{1 - \sin' \varphi} \left[(p_0' - \Delta u) - q_0 / \sin \varphi' \right] \tag{6-7}$$

从上述两个公式可推出 $\Delta u \to \sigma_{30}'$ 需满足

$$\sigma_{10} + \Delta \sigma_d(t) \to \sigma_{30} \tag{6-8}$$

因此，在循环过程中，当满足上述公式时，试样出现液化，此刻

$$\sigma_3' \to 0, \quad \sigma_1' \to 0, \quad \sigma_1 \to u \to \sigma_{30} = \sigma_3 \tag{6-9}$$

$$q \to 0, \quad p' \to 0, \quad p' \to u \to \sigma_{30} \tag{6-10}$$

2) 松散型钙质砂液化特性

图 6-1～图 6-3 列举了三组初始有效围压为 100kPa、初始相对密实度为 10% 的不同 MICP 加固程度钙质砂的有效应力路径 p'-q 曲线、孔压与循环振次 u-N 关系曲线，以及应力与循环振次 ε_d-N 关系曲线。为便于对比 MICP 胶结作用对液化特性的影响，这里选取破坏振次均为 20 次左右的三组典型试样曲线进行讨论。

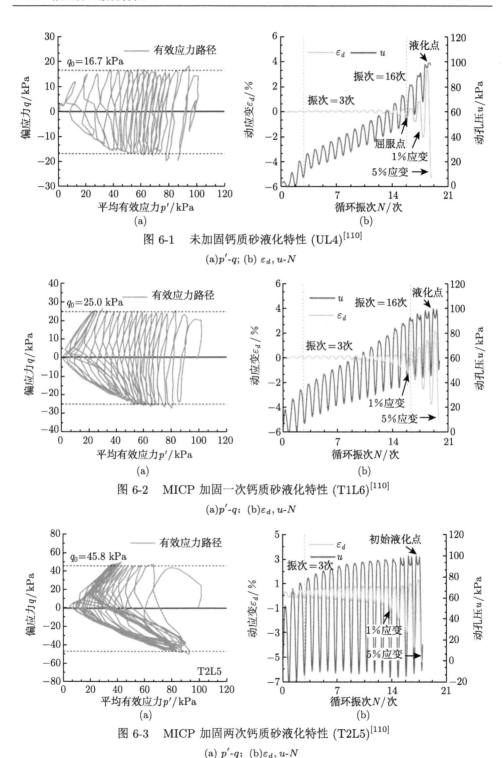

图 6-1 未加固钙质砂液化特性 (UL4)[110]

(a)p'-q; (b) ε_d, u-N

图 6-2 MICP 加固一次钙质砂液化特性 (T1L6)[110]

(a)p'-q; (b)ε_d, u-N

图 6-3 MICP 加固两次钙质砂液化特性 (T2L5)[110]

(a) p'-q; (b)ε_d, u-N

对于天然未加固松砂 (UL)，由图 6-1 中可以看出，在循环载荷作用下有效应力路径整体向左演化；在循环加载的前 3 周，应力路径迅速向左发展，同时孔压比迅速增长至 20% 左右，此刻应变发展可忽略不计；随着循环振动的发展，在 3~16 周内，有效应力路径以较小的速率逐渐向左移动，孔压和应变以较小的幅值缓慢增长；当循环振次为 16 周次时，试样达到屈服应变；在此后的两个循环周次内，平均有效应力迅速减小，此时试样出现失稳现象；当试样达到初始液化后平均有效应力 p' 和偏应力 q 等于或接近 0，此时有效应力路径达到临界状态线，试样发生液化破坏。总体来说，由于加载初期未加固松砂试样的内部孔隙比较大，循环振动使得试样体积有缩小的趋势，此时孔压增长较快，平均有效应力的减小速率较大；随着孔隙逐渐振密，有效应力路径稳定发展；当循环发展达到屈服点后，平均有效应力迅速减小并迅速接近 0，试样在 17~18 周达到 1% 应变，在 19 周左右同时达到初始液化和 5% 应变，试样发生破坏。未加固松砂试样的液化符合 "流滑" 液化特点。从图 6-2 中可以看出，T1L 试样的有效应力路径发展在循环加载前期与 UL 试样相似，当循环振次为 3 周次时，平均有效应力减少至 70 kPa 左右；随着循环振动的发展，孔压和应变均匀速发展，此时应力路径斜率发生变化；试样在 16~17 周次时达到 1% 应变，此后孔压在峰值处出现凹槽现象，应力路径逐渐出现蝴蝶状的循环发展模式；试样在 20 周次左右达到初始液化和 5% 应变。相较于未加固松砂的 "流滑" 液化特点，T1L 试样的液化特性更符合 "循环活动性" 的液化特点。从图 6-3 中可以看出，T2L 试样的液化特性明显有别于 UL 和 T1L 试样，在第三周次循环加载时孔压比达到 0.7 并伴有明显的剪胀特性，有效应力路径迅速向左发展接近原点并表现出蝴蝶状的循环发展模式；试样在振动 14 周次左右达到 1% 应变，18 周次左右达到初始液化和 5% 应变。T2L 试样的液化特性更符合 "循环活动性" 特点。

总体来说，对于松散钙质砂试样，随着 MICP 加固程度的提高，试样的动应变发展在循环加载前期逐渐明显，而应变屈服点变得不再明显，试样的变形破坏模式从 "崩塌型失稳破坏" 演变为 "渐进型变形破坏"；试样的有效应力路径逐渐表现出蝴蝶状的循环发展模式，试样的动力液化特性逐渐由 "流滑" 演变为 "循环活动性"；松散钙质砂试样在不同 MICP 加固程度下达到初始液化与 5% 应变的循环周次基本一致。

3) 中密型钙质砂液化特性

图 6-4~图 6-6 表示初始有效围压为 100 kPa、初始相对密实度为 47% 的三组不同 MICP 加固程度钙质砂试样的有效应力路径、孔压与循环振次，以及应变与循环振次曲线。为便于对比 MICP 胶结作用对液化特性的影响，这里将初始有效围压为 100 kPa、初始相对密实度为 80% 的未加固密砂试样的液化特性曲线一并列出 (如图 6-7)，同时选取轴向应变达到 5% 时振次为 40 次左右的四组试样进行讨论。

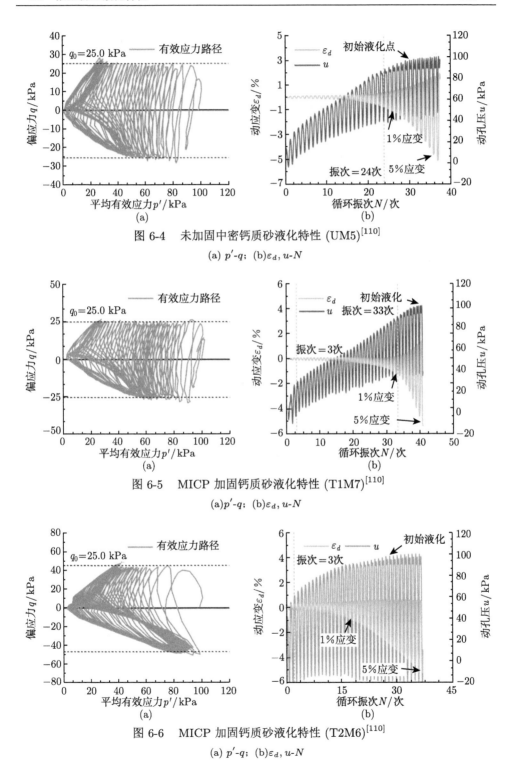

图 6-4 未加固中密钙质砂液化特性 (UM5)[110]

(a) p'-q; (b)ε_d, u-N

图 6-5 MICP 加固钙质砂液化特性 (T1M7)[110]

(a)p'-q; (b)ε_d, u-N

图 6-6 MICP 加固钙质砂液化特性 (T2M6)[110]

(a) p'-q; (b)ε_d, u-N

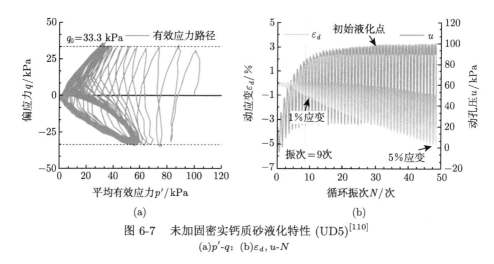

图 6-7　未加固密实钙质砂液化特性 (UD5)[110]

(a)p'-q；(b)ε_d, u-N

　　从图 6-4 中可以看出，UM 试样的有效应力路径发展较 UL 试样更稳定，在循环加载前期应力路径逐渐向左发展；当循环振次为 3 周次时，孔压比达到 0.3；当循环振动达到 24 周次时应变达到 1%，1% 应变对应的循环振次比为 0.65；当循环振次发展到 31 周次时，平均有效应力减小到 0，此时试样达到初始液化；当循环振次为 36 周次时应变达到 5%，试样开始表现出明显的蝴蝶状循环发展模式。UM 试样的液化特性比较符合 "循环活动性" 的液化特点。从图 6-5 和图 6-6 可以发现，循环振动过程中，T1M 试样和 T2M 试样的有效应力路径在受拉部分斜率的变化增大，试样破坏时压应变减小而拉应变增大；随着 MICP 加固程度的提高，这一现象进一步显著。该现象的发生主要是由于钙质砂试样经过 MICP 加固后，剪胀效应增大，孔压在每个循环周次的循环孔压增大。对于 T2M 试样，当循环振次为 3 周次时对应的孔压比由 UM 试样的 0.3 增长到 0.6；孔压在卸载阶段出现负值，这表明试样有较大的剪胀趋势；当循环振动为 19 周次时，试样的应变达到 1%，此时试样 1% 应变对应的循环振次比由 UM 试样的 0.65 提前到 0.5。随着振动的发展，试样最终在 28 周次时发生初始液化，37 周次时达到 5% 应变。T1M 和 T2M 试样的液化特性表现出明显的 "循环活动性" 特点。对比 T2M 试样和 UD 试样发现，UD 试样有效应力路径的循环活动性更加显著，而 T2M 试样的剪胀性更加显著；UD 试样在循环振次比为 0.2 左右时即达到 1% 应变，且变形基本发生在受拉一侧；随着振次的发展，UD 试样的变形缓慢发展并最终达到 5% 变形破坏。

　　总体来说，对于三组中密钙质砂试样，随着 MICP 加固程度的提高，试样达到 1% 应变对应的循环振次比逐渐减小，应变发展逐渐平缓，有效应力路径在受拉部分斜率的变化逐渐加快，试样剪胀性逐渐增大。MICP 加固中密钙质砂试样表现出更加明显的 "循环活动性" 特点。

6.2.3 抗液化性能

为研究 MICP 加固钙质砂的抗液化性能的改善情况，本小节提出利用增强系数 (Improvement Factor), I_f, 来量化 MICP 加固砂样抗液化性能的改善, I_f 的大小可用下式表示 [224]：

$$I_f = \mathrm{CRR}_{N,\mathrm{MICP}}/\mathrm{CRR}_{N,\mathrm{Untreated}} \tag{6-11}$$

式中，$\mathrm{CRR}_{N,\mathrm{MICP}}$ 表示循环振次为 N 次时 MICP 加固钙质砂试样的动强度; $\mathrm{CRR}_{N,\mathrm{Untreated}}$ 表示循环振次为 N 次时未加固钙质砂试样的动强度。

1) 增强系数与等效地震震级关系

Idriss 等对 Seed 提出的等效循环振次与震级关系 M_w 近似关系进行了改进，并提出了如表 6-1 所示的等效循环振次与震级关系 [225]。根据该表我们可以得出特定工况下三轴试样破坏周次对应的等效地震震级。例如，假设循环振次为 10 次时试样 A 的动强度为 a，试样 B 的动强度为 b，这时等效地震震级为 7 级的试样 B 的增强系数则为 b/a。

表 6-1　等效循环周次与地震震级近似关系表 [110]

地震震级	5.5	6	6.5	7	7.5	8
等效循环周次	3.5	5	7	10	15	22

图 6-8 给出了有效围压为 100 kPa 时，两组不同相对密实度的 MICP 加固试样的增强系数与等效地震震级关系曲线。从图中可以看出，等效地震震级对 MICP 加固松砂和中密砂的增强系数影响不大。经过 MICP 加固后，钙质砂的抗液化性能显著提高。对于松散钙质砂，从图 6-8(a) 中可以看到，经过一次 MICP 加固后的试样在不同等效地震震级的 I_f 平均值从 1.0 提高到了 1.63，而 MICP 加固两次的钙质砂试样其 I_f 平均值增加到了 2.84。对于中密型钙质砂，从图 6-8(b) 中可以看出，试样在不同等效地震震级的 I_f 平均值略微提高，从 1.0 增加到 1.11，而 MICP 加固两次的钙质砂试样其 I_f 平均值则增加到了 1.74。同时，对比图 6-8(a) 和 (b) 可以发现，在同等加固程度下，松砂的 I_f 提升量始终高于中密砂 I_f 提升量，这表明 MICP 加固后的松砂较中密砂的抗液化性能改善更显著。同时，第二次加固对 I_f 的提升也明显高于第一次 MICP 加固对 I_f 的提升，这表明第二次 MICP 加固对抗液化性能的改善更显著。

2) 增强系数与质量增量关系

为进一步量化 MICP 加固如何影响抗液化指标的发展，本节将试样中 MICP 加固生成的碳酸钙质量增量与增强系数建立联系。首先通过图 6-9(a) 展示不同 MICP 加固程度和相对密实度钙质砂试样的平均重度 γ_d 与对应的循环阻尼比 CRR_{15} 的

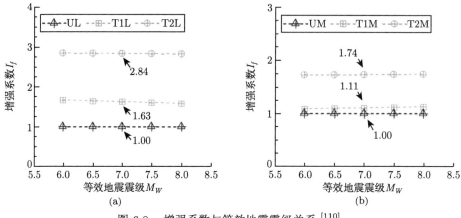

图 6-8　增强系数与等效地震震级关系[110]

(a) MICP 加固松砂；(b)MICP 加固中密砂

关系，然后对图 6-9(a) 进行转换，用质量增量 $\Delta m/m_0$ 分别表示 MICP 加固钙质砂的碳酸钙生成量，以及未加固钙质砂密实度的变化 (如图 6-9(b) 所示)，分析 MICP 加固和砂土密实作用对增强系数的影响。这里的增强系数 I_f 取等效地震震级为 7.5 级的对应值。图 6-9(b) 给出了有效围压为 100 kPa 的循环三轴试验得到的钙质砂增强系数与试样质量增量的关系。对比 MICP 加固和砂土密实过程的两组数据可以发现，当砂样的 $\Delta m/m_0$ 较小时，两组 I_f 的近似相同，随着质量增量的逐渐提升，MICP 加固过程 I_f 的增长速率明显高于砂土密实化 I_f 的增长速率，随着质量增量进一步增大，MICP 加固钙质砂的 I_f-$\Delta m/m_0$ 曲线斜率进一步增大，曲线呈 "上扬型" 发展，而砂土密实过程的 I_f-$\Delta m/m_0$ 曲线斜率基本保持不变。当 $\Delta m/m_0$ 为 10.2% 时，天然钙质砂的 I_f 为 1.46 左右，而 MICP 加固钙质砂的 I_f 达到了 1.9 以上。结果表明在初始阶段，MICP 加固钙质砂抗液化性能的提升主要是由于 MICP 生成的碳酸钙使得砂土质量增加使得砂样实际密实度提高，这一阶段形成的碳酸钙主要表现为颗粒间隙的填充作用和砂土颗粒的包裹作用；当碳酸钙的生成量逐渐增大，颗粒内部的碳酸钙晶体逐渐将相邻土体颗粒间形成胶结体，随着 MICP 加固程度的进一步提高，新生成的碳酸钙晶体逐渐胶结形成更多的更大的土颗粒群，并最终将砂柱胶结成一个整体。在此过程中，颗粒土体结构的抗拉和抗剪强度逐渐增大，因此试样液化需要更大的外力作用，土体整体的抗液化性能逐渐提高。对比松砂和中密砂两组数据可以发现，当砂样的 $\Delta m/m_0$ 较小时，两组 I_f 值近似相同，随着质量增量的逐渐提升，松散钙质砂的增强系数开始逐渐大于中密钙质砂，而当 $\Delta m/m_0$ 较大时，两组 I_f 值差别又逐渐缩小。这是由于松砂土颗粒内部孔隙比大，土体骨架的初始抗液化能力差，因此抗液化性能的提升相对于中密砂更快；当 $\Delta m/m_0$ 增加到一定程度时，土体变得十分密实，土体本身的抗液化能力变强甚至不再发生液化，因此当质量增大到一定程度后两者的抗液化性能的差异将逐渐变小。

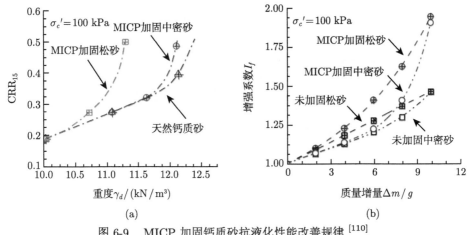

图 6-9　MICP 加固钙质砂抗液化性能改善规律 [110]

(a)CRR$_{15}$ 与重度关系；(b) 增强系数与质量增量关系

　　结果表明 MICP 加固钙质砂对抗液化性能的提高主要由两部分组成：①砂土的密实效应；②碳酸钙结晶的胶结作用。在 MICP 加固钙质砂初期，生成的碳酸钙填充土体颗粒引起的密实效应在抗液化性能提升中起较大作用；在 MICP 加固钙质砂中后期，生成的碳酸钙在颗粒间起到的胶结作用对抗液化性能的提升作用较为显著。试验结果揭示了 MICP 加固对钙质砂抗液化性的改善机理，表明了利用 MICP 技术进行砂土加固对抗液化性能的提升效率比利用振捣技术进行砂土密实对抗液化性能的提升效率更高，该结论可以作为 MICP 地基处理技术的理论基础。

6.2.4　微观结构分析

　　为研究 MICP 加固钙质砂微观特性，利用重庆大学材料学院 FEI Navo 400 型场发射扫描电镜对所需试样进行微观结构分析。根据 MICP 加固钙质砂的材料特殊性，在微观试验前首先对试样进行打磨烘干，并利用导电胶将试样固定在直径为 1 cm 的圆形托盘上，随后 KYKY SBC-12 离子溅射仪对试样进行喷金处理。图 6-10~ 图 6-13 表示不同 MICP 加固程度与相对密实度的钙质砂 SEM 微观图。具体地，对每一个加固试样均给出了三种不同放大倍数 SEM 微观图。

　　由图 6-10 可知，T1L 试样中生成的碳酸钙结晶为棱形体，且主要生成在砂颗粒表面，少量生长在砂颗粒连接处。对于这类相对密实度较低、MICP 处理一次的钙质砂，其表面仍可见大量裸露钙质砂表面，生成的碳酸钙颗粒粒径主要在几微米至 20 微米之间；经过两次 MICP 加固后，由图 6-11 可以看出，T2L 试样颗粒表面和颗粒缝隙间生成的碳酸钙结晶的量明显增多，几乎不再能观测到钙质

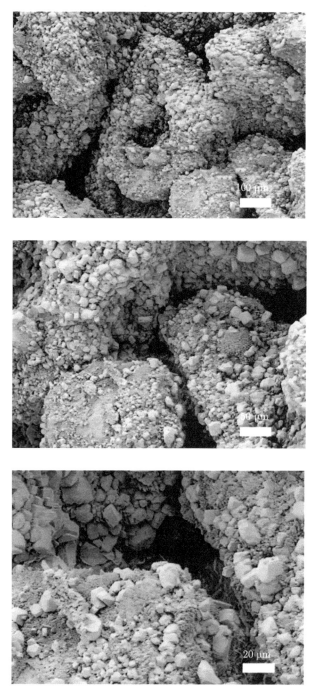

图 6-10　不同放大倍数下 T1L 钙质砂的 SEM 微观图 [110]

图 6-11 不同放大倍数下 T2L 钙质砂的 SEM 微观图 [110]

砂颗粒表面,同时碳酸钙结晶的尺寸也有所增大,相较于图 6-10,碳酸钙结晶颗粒整体更大,最大可达 40 微米左右,砂土颗粒间的缝隙明显有被填充变小。与不同 MICP 加固程度下松散钙质砂类似,中密钙质砂在不同 MICP 加固程度下也表现出不同的微观结构特性。对比图 6-11 和图 6-12 可知,MICP 加固一次后的碳酸钙结晶尺寸也在几微米至 20 微米之间,且砂颗粒缝隙被明显填充;MICP 加固两次后的碳酸钙结晶尺寸最大可达约 50 微米,此时已完全不能看到钙质砂颗粒原有表面,颗粒间的间隙也不再明显。进一步对比图 6-10 和图 6-11(或图 6-11 和图 6-13) 可知,相较于松砂,中密砂颗粒间孔隙相对更小,因此相同加固程度下,颗粒间的间隙被填充得更密实。

总体来说,砂土颗粒间的间隙越大,孔隙越丰富,表明其渗流路径更多,对于不排水循环三轴试验的每一个循环振次中,孔压增大的趋势相对较缓,其他条件相同时,单次循环的孔压增量值较小,宏观表现为试样有更明显的剪缩趋势。对于 MICP 胶结后的试样,其砂土孔隙一方面被碳酸钙结晶填充,因此在循环振动

图 6-12   不同放大倍数下 T1M 钙质砂的 SEM 微观图 [110]

图 6-13   不同放大倍数下 T2M 钙质砂的 SEM 微观图 [110]

作用下，试样表现出一定的剪胀趋势，且加固程度越大或者初始密实度越高，其剪
胀趋势越明显；同时，由于钙质砂颗粒逐渐被一个个生成的碳酸钙胶结连成一个
整体，颗粒间的联结力随着胶结程度的提高而增大，因此在单次循环振动下，试
样需要很大的功才能破坏胶结，故试样不易循环剪切破坏。同时，随着 MICP 加
固程度的提高，钙质砂表面生成并附着的碳酸钙沉淀明显增多，颗粒间的接触由
点接触逐变为面接触，生成的碳酸钙结晶增强了土颗粒之间的联结强度，使得松
散的土样胶结成整体结构，这也使得土体的动黏聚力和动内摩擦角得到提高。试
验结果从微观角度揭示了 MICP 加固钙质砂土体内部颗粒结构的变化规律。

6.3   微生物土动强度

6.3.1   动强度理论

土体在天然沉积下，颗粒间以某种稳定的排列状态相互接触，如果此时土体
受到动力载荷，土体骨架接触点间将受到大小和方向不同的作用力，并产生新的
应力平衡；当动载荷增大到一定程度时，土体颗粒间的应力条件不再平衡，土体
产生相对滑动、位移，这时土体颗粒间原有的结构状态和联结力发生破坏，导致
土体强度的丧失，发生失稳破坏。因此，学者提出了土的动强度这一概念，动强
度是指土体在一定振动次数 N 下产生某一破坏应变 ε_f(或满足某一破坏标准) 所
需的动应力大小 [184]。动强度特性是土体的一个重要动力特性指标，根据动强度
的定义，破坏标准不同相应的动强度值也就不同，试样破坏标准的选择将直接影
响土体的动强度大小。因此，根据实际情况合理选择试样的破坏标准是科学研究
土体动强度问题的前提与基础。

常用的破坏标准主要有以下几种 [184]：

(1) 极限平衡标准: 用土体的极限平衡条件作为其破坏标准。

(2) 孔压标准: 循环振动过程中, 当孔隙水压力 u 达到某种程度 (通常为 $u = \sigma_3'$, 或者 $u \geqslant 0.95\sigma_3'$) 时, 认为试样发生破坏。

(3) 屈服破坏标准: 循环振动过程中, 当试样的变形开始出现急速变陡时作为屈服破坏标准。

(4) 应变标准: 循环振动过程中, 当试样的变形超过某一设定值 (通常认为应变达到 5%) 时, 认为试样发生破坏。

6.3.2 动强度曲线特性

土的动强度规律通常表示为达到破坏标准时的振次 N_f 与动应力 σ_d 或动剪应力 $\tau_d (\sigma_d/2)$ 间的关系曲线, 称为 σ_d-lg N_f 曲线、τ_d-lg N_f 曲线或动强度曲线。本节主要讨论不同有效围压、不同 MICP 加固程度, 以及不同相对密实度影响下钙质砂的动强度曲线特性。

1) 有效围压的影响

图 6-14 和图 6-15 为不同围压下天然钙质砂和 MICP 加固钙质砂的破坏振次 N_f 与动应力 σ_d 的动强度曲线。比较可以看出, 在有效围压相同的情况下, 试样破坏所需振次随着动强度的增加而减少, 且在对数坐标下大体上呈线性减小的趋势。有效围压的大小将显著影响动强度的大小, 在相同循环振次下, 有效围压越大动强度越大。例如, 对于未加固中密砂 (图 6-14(b)), 当循环振次为 20 次时, 有效围压为 50 kPa 条件下试样仅需 30 kPa 即可达到破坏振次; 而对于 200 kPa 有效围压下的试样, 则需要超过 90 kPa 的动载荷才能使得试样发生破坏。同样的, 对于 MICP 加固钙质砂, 随着有效围压的提高试样的动强度随之提高。

2) MICP 加固程度的影响

图 6-16 和图 6-17 分别表示不同 MICP 加固程度钙质砂试样的动强度曲线发展规律。我们可以看出试样破坏所需的循环振次随着动强度的增加而线性减少。同时, 随着试样 MICP 加固程度的提高, 试样在相同循环振次下发生破坏所需的动强度也显著提高。该结论与前人研究的水泥改良土动强度特性规律一致 [207,226]。从图 6-16 中可以看出, 当破坏振次为 50 次时, 经 MICP 加固一次的松砂在 50 kPa、100 kPa 和 200 kPa 围压下动强度分别提高 57.6%、56.4% 和 39.5%; 而经过两次 MICP 加固的松砂试样动强度分别提高了 173.4%、187.1% 和 152.8%。同样的, 由图 6-17 中可知, 当破坏振次为 50 次时, 经 MICP 加固一次的中密砂在 50 kPa、100 kPa 和 200 kPa 围压下动强度分别提高 14.5%、15.6% 和 17.8%; 而经过两次 MICP 加固的中密砂试样动强度分别提高了 89.2%、77.1% 和 107.1%。数据结果表明第二次 MICP 加固的效果比第一次加固效果更好。

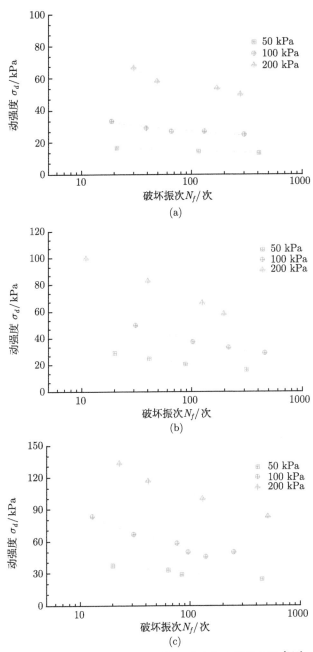

图 6-14　不同有效围压下天然钙质砂的动强度曲线 [110]

(a) UL 砂；(b) UM 砂；(c)UD 砂

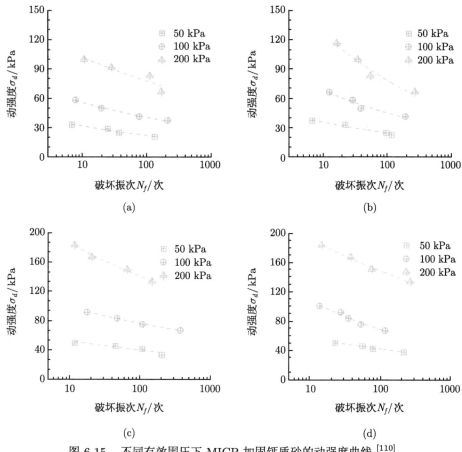

图 6-15 不同有效围压下 MICP 加固钙质砂的动强度曲线 [110]

(a) T1L 砂；(b) T1M 砂；(c) T2L 砂；(d) T2M 砂

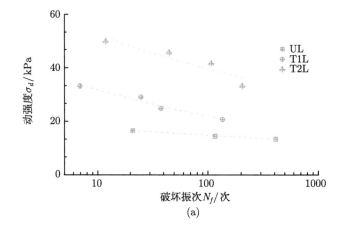

(a)

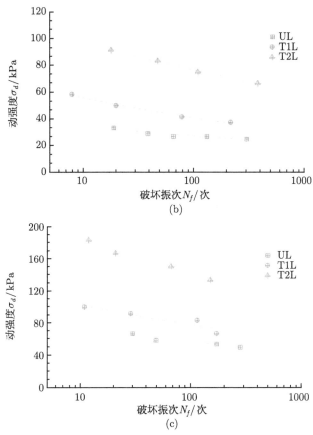

图 6-16   不同 MICP 加固程度钙质砂的动强度曲线 $(D_r = 10\%)$[110]

(a) 50 kPa; (b) 100 kPa; (c) 200 kPa

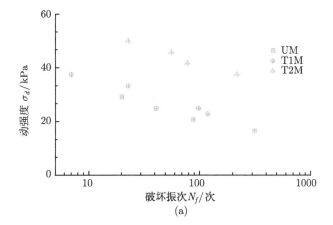

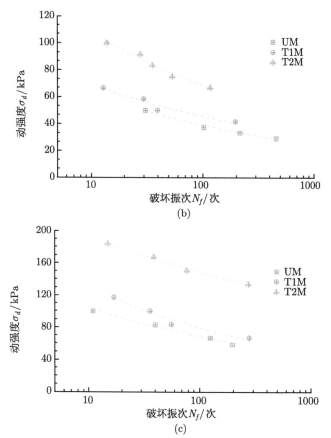

图 6-17 不同 MICP 加固程度钙质砂的动强度曲线 $(D_r = 47\%)$[110]

(a) 50 kPa; (b) 100 kPa; (c) 200 kPa

3) 相对密实度的影响

图 6-18 和图 6-19 分别表示天然钙质砂和 MICP 加固钙质砂在不同相对密实度条件下的破坏振次 N_f 与动应力 σ_d 的动强度曲线。从图中可以看出，试样破坏所需的循环振次随着动强度的增加而逐渐减少。

对于未加固天然钙质砂，相同破坏振次下试样所需的动强度随着试样相对密实度的提高显著提高。由图 6-20 可以看出，当破坏振次为 50 次时，相比于松砂，中密砂在 50 kPa、100 kPa 和 200 kPa 围压下的动强度分别提高 52.2%、51.7% 和 26.2%。经过 MICP 加固处理后，密实度对动强度影响有减弱的趋势。由图 6-21 可知，经过一次加固处理后，当破坏振次为 50 次时，中密砂在不同围压下的动强度比松砂分别提高约 8%～13%；经过两次 MICP 加固后，当破坏振次为 50 次时，中密砂在不同围压下的动强度仅比松砂高 1%～5%。试验结果表明，随着 MICP 加固程度的提高，密实度对钙质砂的动强度影响将逐渐减弱，这说明松砂的加固效率相对于中密砂更高，且加固次数越多效果越明显。该结论与 6.2.3 小节有关结论一致。

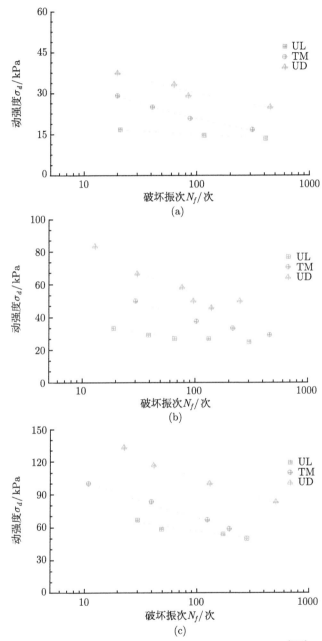

图 6-18　不同相对密实度天然钙质砂的动强度曲线 [110]

(a) 50 kPa; (b) 100 kPa; (c) 200 kPa

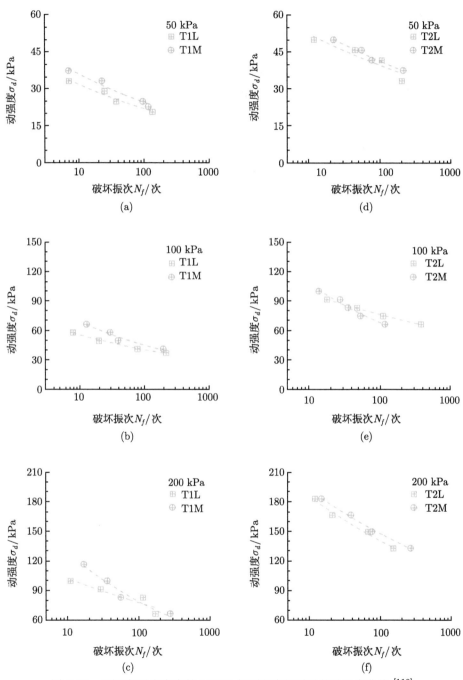

图 6-19 不同相对密实度的 MICP 加固程度钙质砂的动强度曲线 [110]

6.3.3   动强度经验公式

根据图 6.15~ 图 6.19 中的动强度曲线及曲线发展规律，发现不同工况下的动强度的变化规律均用下述公式可较好地表示：

$$\sigma_d = a \times (N_f)^{-b} \tag{6-12}$$

式中，σ_d 为动载荷，单位为 kPa；N_f 为循环破坏振次，单位为次；a、b 均为经验参数，无量纲量。

根据上述拟合经验公式，通过计算可分别求得不同 MICP 加固程度、不同有效围压、不同相对密实度条件下，各试样组动强度曲线的经验参数 a、b，以及 R^2 值，整理所得数据如表 6-2 所示：

表 6-2   动强度经验参数拟合值

编号	$\sigma_c' = 50$ kPa			$\sigma_c' = 100$ kPa			$\sigma_c' = 200$ kPa		
	a	b	R^2	a	b	R^2	a	b	R^2
UL	20.776	0.073	0.996	43.493	0.101	0.886	96.192	0.116	0.916
UM	54.265	0.209	0.996	99.882	0.204	0.991	154.946	0.177	0.985
UD	55.997	0.134	0.948	139.662	0.209	0.926	210.181	0.151	0.989
T1L	45.955	0.158	0.959	76.613	0.136	0.991	134.891	0.119	0.858
T1M	52.856	0.165	0.963	104.592	0.180	0.944	209.465	0.211	0.961
T2L	69.357	0.121	0.861	124.763	0.106	0.997	244.627	0.120	0.988
T2M	75.725	0.131	0.971	171.283	0.199	0.972	249.009	0.113	0.992

根据试验数据可知，动强度参数指标 a、b 值将受到 MICP 加固程度、相对密实度，以及有效围压大小等试验变量的共同影响。进一步观察数据变化规律可以看出，b 值的变化范围很小，大多数均集中在 0.1~0.2，且未在该范围内的数据偏差也很小；相对 b 值，a 值的变化范围则相对较大，其值在 20~250。因此，为简化动强度曲线经验公式，可将 b 值设为常数，利用最小二乘法的计算原则求解出各动强度曲线的经验参数 a 值，使其满足对所有工况下求得的动强度拟合值与实际值的差值的平方和最小。

具体计算方法如下步骤进行：

首先假设数据样本总共有 m 条动强度曲线，每条曲线上有 n 个数据点，因此对于第 i 条动强度曲线可以表示为

$$y = a_i \times x^{-b} \tag{6-13}$$

将公式 (6-13) 两边分别取对数可得

$$\ln y = \ln a_i + b \ln x \tag{6-14}$$

令

$$A_i = \ln a_i \qquad (6\text{-}15)$$

将公式 (6-15) 代入公式 (6-14) 可得

$$A_i + b \ln x = \ln y \qquad (6\text{-}16)$$

令

$$E\left(A_i, b\right) = \sum_{i=1}^{m} \sum_{j=1}^{n} \left(A_i + b \ln x_{ij} - \ln y_{ij}\right)^2 \qquad (6\text{-}17)$$

因此，要想找到最合适的一条拟合曲线，则需满足所有数据点到该曲线距离平方和最小，即需求得函数 E 的最小值。

将 $E(A_i, b)$ 分别对变量 A_i 和 b 求偏导，并令各组偏导结果均等于 0，即

$$\frac{\partial E}{\partial A_1} = \sum_{j=1}^{n} \left(A_1 + b \ln x_{1j} - \ln y_{1j}\right) = 0$$

$$\frac{\partial E}{\partial A_2} = \sum_{j=1}^{n} \left(A_2 + b \ln x_{2j} - \ln y_{2j}\right) = 0$$

$$\frac{\partial E}{\partial A_3} = \sum_{j=1}^{n} \left(A_3 + b \ln x_{3j} - \ln y_{3j}\right) = 0 \qquad (6\text{-}18)$$

$$\vdots$$

$$\frac{\partial E}{\partial A_m} = \sum_{j=1}^{n} \left(A_m + b \ln x_{mj} - \ln y_{mj}\right) = 0$$

$$\frac{\partial E}{\partial b} = \sum_{i=1}^{m} \sum_{j=1}^{n} \left(A_m + b \ln x_{ij} - \ln y_{ij}\right) \ln x_{ij} = 0$$

式中，m 为动强度曲线条数，这里取 7；n 为每条曲线上试验工况数，这里根据实际分别取 3，4 或 5。

利用 EXCEL 或 MATLAB 编程计算该多元一次方程组，求出对应 A_1，A_2，$\cdots$，A_m，以及 b 值，由式 (6-18) 可知 $a_i = e^{A_i}$，从而得到 a_1，a_2，$\cdots$，a_m，b。优化后动强度经验参数修正 a，b 值如表 6-3 所示。

进一步观察参数 a 的变化规律可知，优化后动强度参数指标 a 在 30~300 变化，且 a 值随着有效围压、相对密实度和 MICP 加固程度的增加而增加，且增加

的比例不尽相同；有效围压和 MICP 加固程度大小对 a 值的影响十分显著，而密实度变化的影响相对较弱。

表 6-3　优化后动强度经验参数拟合值 [110]

编号	$\sigma_c' = 50$ kPa			$\sigma_c' = 100$ kPa			$\sigma_c' = 200$ kPa		
	a	b	R^2	a	b	R^2	a	b	R^2
UL	29.333	0.147	/	52.950	0.147	0.635	110.938	0.147	0.921
UM	41.891	0.147	0.917	75.745	0.147	0.926	137.332	0.147	0.951
UD	59.339	0.147	0.935	107.768	0.147	0.828	206.933	0.147	0.991
T1L	44.216	0.147	0.974	79.855	0.147	0.988	150.462	0.147	0.912
T1M	49.531	0.147	0.968	92.529	0.147	0.957	162.335	0.147	0.918
T2L	77.013	0.147	0.921	149.301	0.147	0.949	270.798	0.147	0.986
T2M	81.125	0.147	0.987	141.559	0.147	0.906	286.934	0.147	0.894

6.3.4　统一动强度准则

由于 MICP 加固钙质砂的动强度同时受多个因素的影响，这使动强度特性复杂化，若能找到一个公式能综合考虑了 MICP 加固程度、相对密实度大小，以及有效围压等变量，则这将对 MICP 加固钙质砂的研究及应用提供重要理论基础。

1) 建立统一动强度准则

由 MICP 加固钙质砂动强度曲线的分析中已经知道动强度与破坏振次之间可以用幂函数 $\sigma_d = a \times (N_f)^{-b}$ 表示，根据前述对经验公式参数的优化研究可知，由于参数 b 值变化范围较小，故 b 值可以简化为试验常数；参数 a 可以认为是与试验变量相关的函数，故 a 可以用下式的函数形式表示：

$$a = F\left(\sigma_c', D_r, T_c\right) \tag{6-19}$$

式中，σ_c' 为有效围压，单位为 kPa；D_r 为钙质砂相对密实度，无量纲；T_c 为 MICP 加固次数，无量纲。

公式 (6-19) 中各变量的具体函数表达形式可以根据各影响因素对动强度指标，以及动强度曲线的影响特点来确定。由前文可知，MICP 加固次数和相对密实度对砂土动强度有着显著影响，因此 D_r 与 T_c 之间应该有乘、除或者幂、指函数关系；进一步观察 a 值与有效围压 σ_c' 变化规律，可认为两者成正比增长关系，且密实度和加固程度越大该斜率值非线性增大，因此可认为相对密实度和加固程度与有效围压之间也存在乘、除或者幂、指函数关系。综合以上关系，本文选择下式进行拟合：

$$\sigma_d = a_1 \frac{\sigma_c'}{\sigma_r} \cdot \left(a_2 D_r^2 + a_3 D_r + a_4\right)$$

$$\cdot \exp\left[\left(a_5 D_r^2 + a_6 D_r + a_7\right) T_c\right] \cdot (N_f)^{-b} \tag{6-20}$$

式中，$a_1 \sim a_7$ 为拟合系数。

利用公式 (6-20) 对所有试验数据进行拟合，得到关于 MICP 加固钙质砂的统一动强度准则：

$$\sigma_d = \frac{\sigma_c' \cdot (62.75 D_r^2 - 21.24 D_r + 26.54)}{50 \cdot \sigma_r}$$

$$\cdot \exp\left[\left(-0.62 D_r^2 + 0.11 D_r + 0.5\right) T_c\right] \cdot (N_f)^{-0.147} \tag{6-21}$$

式中，σ_d 为动应力值，单位为 kPa；σ_c' 为有效围压，单位为 kPa；σ_r 为平衡量纲参考应力，单位为 kPa；D_r 为钙质砂相对密实度，无量纲；T_c 为 MICP 加固次数，无量纲；N_f 为破坏振次，无量纲。

关于 MICP 加固钙质砂的统一动强度准则是基于试验数据的回归分析得到，其样本数据库仍有待完善，故该公式存在一定的局限性，其适用条件为：①循环三轴试验为等压固结不排水剪切试验，波形为正弦波，频率为 1 Hz；②试验有效围压为 50 kPa~200 kPa，砂土相对密实度范围为 10%~80%；③MICP 加固程度为本文所用反应液的量进行 0~2 次加固；④试样的破坏标准为发生液化破坏。

2) 统一动强度准则的验证

为进一步验证 MICP 加固钙质砂统一动强度准则的合理性与适用性，根据公式 (6-21)，分别计算各 MICP 加固钙质砂试样的预测值。随后将所得预测值与试验值进行对比分析。各工况下 MICP 加固钙质砂的动强度试验值与预测值见表 6-4 所示。

图 6-20 为不同工况下 MICP 加固钙质砂的动强度试验值与预测值对比关系。从图中可知，计算得到的预测值与试验值拟合整体效果良好，数据的偏差在 10% 以内，仅个别数据偏差大。因此可以认为本文提出的 MICP 加固钙质砂统一动强度准则适用于 MICP 加固钙质砂试样。同时，需要说明的是，造成个别数据偏差过大的原因可能在于：①MICP 加固不均匀引起试样强度偏差；②动三轴试样制样及循环载荷试验造成试验数据的偏差；③统一动强度准则是基于试验数据回归分析得到，由于原始数据体量较少且公式考虑影响因素不全，造成某个样本的预测值不够准确。基于这些原因，未来还需要开展更多试验和理论研究进一步完善 MICP 加固钙质砂的统一动强度准则。

表 6-4　统一动强度准则试验值与预测值 [110]

序号	试样编号	σ_c' /kPa	N_f /次	σ_d 试验值 /kPa	σ_d 预测值 /kPa	序号	试样编号	σ_c' /kPa	N_f /次	σ_d 试验值 /kPa	σ_d 预测值 /kPa
1	UL1	50	21	16.7	16.0	44	T1L7	100	79	41.6	43.7
2	UL2	50	116	14.6	12.5	45	T1L8	100	217	37.6	37.6
3	UL3	50	409	13.5	10.3	46	T1L9	200	11	100	116.7
4	UL4	100	19	33.4	32.5	47	T1L10	200	29	91.6	101.2
5	UL5	100	41	29.2	29.0	48	T1L11	200	115	83.2	82.6
6	UL6	100	66	27	27.1	49	T1L12	200	172	66.8	77.9
7	UL7	100	302	25	21.6	50	T1M1	50	7	37.5	35.4
8	UL8	100	132	27	24.4	51	T1M2	50	23	33.3	29.7
9	UL9	200	30	66.8	60.8	52	T1M3	50	98	25	24.0
10	UL10	200	49	58.4	56.5	53	T1M4	50	119	22.9	23.4
11	UL11	200	172	54	47.0	54	T1M5	100	13	66.6	64.7
12	UL12	200	280	50	43.8	55	T1M6	100	30	58.4	57.2
13	UM1	50	20	29.2	20.3	56	T1M7	100	40	50	54.8
14	UM2	50	41	25	18.3	57	T1M8	100	198	41.6	43.3
15	UM3	50	88	20.8	16.4	58	T1M9	200	17	116.8	124.4
16	UM4	50	312	16.7	13.6	59	T1M10	200	36	100	111.4
17	UM5	100	30	50	38.3	60	T1M11	200	56	83.2	104.4
18	UM6	100	103	37.6	32.0	61	T1M12	200	278	66.8	82.5
19	UM7	100	217	33.4	28.7	62	T2L1	50	12	50	47.7
20	UM8	100	460	29.2	25.7	63	T2L2	50	45	45.8	39.3
21	UM9	200	11	100	88.9	64	T2L3	50	108	41.7	34.5
22	UM10	200	40	83.2	73.5	65	T2L4	100	205	66.6	62.9
23	UM11	200	125	66.8	62.2	66	T2L5	100	18	91.6	89.9
24	UM12	200	204	58.4	57.9	67	T2L6	100	48	83.4	77.8
25	UD1	50	20	37.5	32.0	68	T2L7	100	110	75	68.9
26	UD2	50	64	33.3	27.0	69	T2L8	100	380	66.6	57.4
27	UD3	50	85	29.2	25.9	70	T2L9	200	12	183.2	190.8
28	UD4	50	450	25	20.2	71	T2L10	200	21	166.8	175.7
29	UD5	100	31	66.6	60.0	72	T2L11	200	67	150	148.2
30	UD6	100	77	58.4	52.5	73	T2L12	200	151	133.2	131.5
31	UD7	100	97	50	50.7	74	T2M1	50	23	50	44.4
32	UD8	100	250	50	44.2	75	T2M2	50	56	45.8	38.9
33	UD9	100	140	45.8	48.1	76	T2M3	50	78	41.7	37.1
34	UD10	200	23	133.2	125.4	77	T2M4	50	218	37.5	31.9
35	UD11	200	42	116.8	114.8	78	T2M5	100	14	100	95.4
36	UD12	200	131	100	97.1	79	T2M6	100	28	91.6	86.2
37	UD13	200	510	83.2	79.5	80	T2M7	100	36	83.4	83.1
38	T1L1	50	7	33.3	31.2	81	T2M8	100	54	75	78.3
39	T1L2	50	25	29.2	25.8	82	T2M9	100	118	66.6	69.8
40	T1L3	50	38	25	24.3	83	T2M10	200	15	183.2	189.0
41	T1L4	100	136	41.6	40.3	84	T2M11	200	39	166.8	164.2
42	T1L5	100	8	58.4	61.1	85	T2M12	200	77	150	148.6
43	T1L6	100	20	50	53.4	86	T2M13	200	272	133.2	123.4

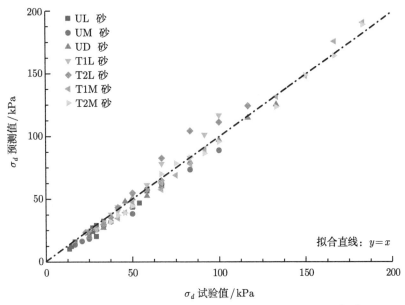

图 6-20 MICP 加固钙质砂动强度预测值与试验值对比 [110]

3) 归一化动强度曲线

在得到 MICP 加固钙质砂的统一动强度准则公式后，可以将 6.3.2 小节的动强度曲线进行归一化处理。具体地，首先将公式 (6-21) 进行变形得到

$$\frac{\sigma_d}{\dfrac{\sigma_c'}{50\sigma_r} \cdot (62.75D_r^2 - 21.24D_r + 26.54) \cdot \exp\left[(-0.62D_r^2 + 0.11D_r + 0.5)\,T_c\right]}$$

$$= (N_f)^{-0.147} \tag{6-22}$$

同时，令

$$F\left(\sigma_c', D_r, T_c\right)$$

$$= \frac{\sigma_c'}{50\sigma_r} \cdot (62.75D_r^2 - 21.24D_r + 26.54) \cdot \exp\left[(-0.62D_r^2 + 0.11D_r + 0.5)\,T_c\right]$$

$$\tag{6-23}$$

随后，以 $\sigma_d/F\left(\sigma_c', D_r, T_c\right)$ 为纵坐标、N_f 为横坐标作图，可得到一个以 σ_c'、D_r 和 T_c 为因子的关于 MICP 加固钙质砂的归一化动强度曲线，将此次试验所有数据按此方法进行归一化处理并作图可得到归一化动强度曲线。

图 6-21 所示为 MICP 加固钙质砂的动强度归一化结果，由图可知试验数据具有较好的规律性，可用拟合方程 $y = 0.976x^{-0.126}$ 表示归一化的动强度曲线，其 R^2 为 0.66。

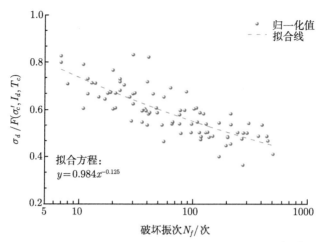

图 6-21　归一化的 MICP 加固钙质砂动强度曲线 [110]

6.4　本 章 小 结

本章重点研究了不同 MICP 加固程度、相对密实度、有效围压,以及动应力幅值下钙质砂的液化与动强度特性。本章所得的主要结论如下:

(1) 研究了 MICP 加固钙质砂的液化特性,发现松散钙质砂试样随着 MICP 加固程度的提高,试样应变屈服点不再明显,液化后的有效应力路径逐渐表现出蝴蝶状的循环发展模式,试样液化特性逐渐由“流滑”演变为“循环活动性”;中密钙质砂试样随着 MICP 加固程度的提高,试样达到 1% 应变点对应的循环振次比逐渐减小,有效应力路径在受拉部分斜率的变化逐渐加快,循环加载过程中剪胀性逐渐增大,试样表现出更加明显的“循环活动性”特点。

(2) 提出了抗液化性能指标——增强系数 I_f,讨论了增强系数 I_f 与等效地震震级、MICP 加固程度,以及砂土密实度的关系。研究发现等效地震震级对 I_f 影响不大,MICP 加固程度和密实度对 I_f 有明显影响。MICP 加固 1~2 次的松散钙质砂对应地 I_f 从 1.0 分别提升到 1.63 和 2.84,MICP 加固 1~2 次的中密钙质砂对应地 I_f 从 1.0 分别提升到 1.11 和 1.74。结果表明,第二次 MICP 加固对抗液化性能的改善比第一次 MICP 加固更显著,MICP 加固松砂的抗液化性能改善比 MICP 加固中密砂更显著。

(3) 对比钙质砂 I_f 与 $\Delta m/m_0$ 发现,MICP 加固对钙质砂 I_f 的提升明显高于砂土密实化对 I_f 的提升,当 $\Delta m/m_0$ 较小时,MICP 加固作用对松砂 I_f 的提升较中密砂明显,随着 $\Delta m/m_0$ 逐渐增大,松砂和中密砂 I_f 的差别逐渐缩小。试验结果表明,MICP 加固钙质砂抗液化性能的提升主要由两部分组成:一是砂土的密实效应,二是碳酸钙结晶的胶结作用。在 MICP 加固钙质砂初期,生成的碳酸钙填充土体颗粒间隙引起的密实效应在抗液化性能提升中起较大作用；在 MICP 加固钙质砂中后期，生成的碳酸钙在颗粒间形成的胶结作用对抗液化性能的提升起到较显著作用。试验结果揭示了 MICP 加固对钙质砂抗液化性改善的机理。

(4) 通过 MICP 加固钙质砂的微观结构研究发现，随着 MICP 加固程度的提高，生成的碳酸钙结晶逐渐增大；相同 MICP 加固程度下，砂土相对密实度越高，颗粒间隙被碳酸钙晶体填充越密实。MICP 反应生成的碳酸钙主要起到砂土颗粒的包裹作用，以及颗粒间隙的填充作用，随着 MICP 加固程度的增加，生成的碳酸钙晶体逐渐在相邻土体颗粒间形成胶结体，同时新生成的碳酸钙晶体逐渐将土颗粒胶结形成土颗粒群，并最终胶结形成完整砂柱体。在此过程中，颗粒土体结构的抗拉和抗剪强度逐渐增大，因此试样液化需要更大的外力作用，土体整体的抗液化性能逐渐提高。微观特性的研究进一步揭示了土体内部颗粒结构特性的改变对砂土抗液化性能的影响。

(5) 分析了 MICP 加固程度、相对密实度，以及有效围压对钙质砂动强度曲线的影响，发现了 MICP 加固钙质砂的动强度随着 MICP 加固程度、相对密实度，以及有效围压的增大表现出不同程度的增大。

(6) 利用最小二乘法开展了动强度曲线的经验公式的优化研究，得到了优化后的参数 b 为 0.147。建立了参数 a 与有效围压、相对密实度和 MICP 加固程度的函数关系，提出了 MICP 加固钙质砂的统一动强度准则，并验证了该准则的合理性。

第 7 章　微生物土本构理论

7.1　概　　述

作为一门应用学科, 岩土工程其基本理论主要源自物理、力学和化学等基础学科。主要的岩土工程理论知识起始于力学理论的发展, 如库仑和郎肯土压力理论、达西渗流理论、布辛内斯克应力分布理论, 以及太沙基有效应力原理、一维固结理论等。此后, 人们又逐渐认识到化学和电化学过程对土, 特别是黏性土的形成、演变和力学性质起到了重要的作用。在应用方面, 诸如岩土工程中地基的处理和边坡的加固等问题, 往往采用的是力学机理和实践经验相结合的技术手段来解决。随着科学技术的进步, 岩土材料的化学处理方法也已经成为岩土工程技术里常规和广泛使用的手段, 特别是胶凝材料的使用。

在天然环境里, 表层和深层土体中存在着大量的微生物。微生物的在土体中的活动也会对土体的物理力学和工程特性产生影响, 例如微生物活动能够影响土体的微观结构、强度、刚度、渗透性等特性。Mitchell 和 Santamarina [104] 等指出, 一些边坡和土体结构的失稳、土体膨胀危害来自或可能来自微生物的活动。对微生物活动相关岩土工程问题领域的探索将会拓展岩土工程理论的范围, 使得研究手段更加丰富。更为重要的是, 可以将微生物过程加以控制和利用, 作为一种技术手段来解决具体的工程问题, 微生物岩土加固技术就此诞生。

微生物在土体颗粒连接处或者岩石裂隙处生成的碳酸钙沉淀可以起到增大土体强度和刚度, 封堵裂隙等作用。针对 MICP 加固砂土的力学性能, Feng 和 Montoya[227] 通过三轴试验进行了研究, 结果表明 MICP 加固砂的强度、剪胀性和初始弹性模量与胶结程度呈正相关。Liu 等 [228] 对 MICP 加固钙质砂的碳酸钙含量与被加固土体强度之间的关系进行了探究, 结果表明碳酸钙含量的增加并不会引起被加固土体的峰值摩擦角的改变, 但对被加固土体的黏聚力有显著的提升作用, 这个结果与目前针对 MICP 加固石英砂的测试结果不同。这就对探究 MICP 加固砂的本构关系提出了挑战, 如何通过相关本构关系解释其机理性的问题也就成为众多学者研究的对象。

7.2   土体本构理论

土的本构理论主要研究土体的应力–应变关系, 其对土体的力学规律的研究对岩土工程学科具有重要的理论指导作用。土的本构理论首先基于大量的土工试验研究, 总结出土体力学行为和变形特征的一般规律, 然后根据一定的简化假设和力学知识将土的力学特性数学化为一些具体的表达式, 即本构方程。

土的强度准则是描述土体的应力状态满足破坏条件的数学表示, 也属于土体本构理论的范畴。对于理想弹塑性材料, 一般认为其达到屈服应力或产生塑性变形后即发生破坏, 此时屈服条件可以作为其强度准则。土具有应变硬化特性, 即应力状态在未达到破坏之前也可达到初始屈服条件, 随着载荷的增加其后继屈服面也会逐渐扩大, 最终达到破坏状态时, 此时的屈服面与破坏面重合, 因此土体的强度准则中需要引入硬化参量来表征其屈服面的变化过程。

7.2.1   土体强度准则

针对土的强度问题, 不同的研究者根据土体发生破坏时的判定条件, 提出了不同的破坏准则。较早的 Tresca 准则认为当最大剪应力达到极限值时, 材料进入塑性阶段发生破坏, 用大主应力 σ_1 和小主应力 σ_3 表示为

$$\tau_{\max} = \frac{1}{2}\left(\sigma_1 - \sigma_3\right) = k \tag{7-1}$$

Tresca 准则确定的屈服面在 π 平面上为一个正六角形, 在主应力空间中为一个母线平行于静水压力轴的正六面柱体。由于 Tresca 准则与静水压轴平行, 随着静水压力的增加最大剪应力并不会增加, 即具有静水压力无关性。土体是一种典型的摩擦型材料, 在一定范围内其抗剪强度随压应力的增大而增大, 按照 Tresca 准则确定的土体抗剪强度在不同的压应力下相同, 因此其并不适合土体材料。当考虑静水压力 I_1 的影响时, Tresca 准则可以推广至广义 Tresca 准则

$$\tau_{\max} = \frac{1}{2}\left(\sigma_1 - \sigma_2\right) = k + \alpha I_1 \tag{7-2}$$

广义 Tresca 准则在 π 平面上仍为一个正六角形, 在主应力空间中为一个以主应力空间对角线为轴的正六角锥体。

由于 Tresca 准则未考虑中主应力 σ_2 的影响, 此后 Mises 将应力偏张量第二不变量 J_2 作为破坏判定条件, 提出了 Mises 准则

$$J_2 = k_1^2 \tag{7-3}$$

　　Mises 准则在 π 平面上为一个半径为 $\sqrt{2}k_1$ 的圆，在主应力空间中为一个半径为 $\sqrt{6}k_1$ 母线平行于静水压力轴的圆柱体。Mises 准则与 Tresca 准则一样具有静水压力无关性，该强度准则不能反映土体的压硬性。当考虑静水压力 I_1 的影响时，Mises 准则可以推广至广义 Mises 准则

$$\sqrt{J_2} = k_1 + \alpha I_1 \tag{7-4}$$

　　广义 Mises 准则在 π 平面上仍为一个半径为 $\sqrt{2}k_1$ 的圆，在主应力空间中为一个以主应力空间对角线为轴的圆锥体。

　　需要说明的是，由于 Tresca 准则或广义 Tresca 准则，Mises 准则或广义 Mises 准则在 π 平面上为对称的正六角形和圆形，无法考虑应力洛德角 θ 旋转和中主应力的影响，即土体在三轴拉伸 ($\sigma_1 = \sigma_2 > \sigma_3$) 与三轴压缩 ($\sigma_1 > \sigma_2 = \sigma_3$) 时的强度相等，这与土体的实际试验结果不同。

　　Mohr 根据 Coulomb 提出的土的抗剪强度理论，将 Coulomb 准则作为土体破坏的极限状态下与多个应力圆相切的包络线，提出了 Mohr-Coulomb 准则

$$\frac{1}{2}(\sigma_1 - \sigma_3) = \frac{1}{2}(\sigma_1 + \sigma_3)\sin\varphi + c\cos\varphi \tag{7-5}$$

式中，c 为土的黏聚力；φ 为土的内摩擦角。

　　Mohr-Coulomb 准则认为土体的最大应力比达到一定的极限值后，土体发生破坏，其在 π 平面上为一个不等角的非规则六边形，在主应力空间中为一个以主应力空间对角线为轴的非规则六角锥体。由于其屈服面为不等角六边形，土体在三轴拉伸时的强度小于三轴压缩时的强度，与土体的实际试验结果更加接近，且参数确定相对容易，因此引用较广泛。

　　此外，Lade 和 Duncan 基于土体的真三轴试验结果提出了 Lade-Duncan 强度准则

$$\frac{I_1^3}{I_3} = k_2 \tag{7-6}$$

式中，I_3 为应力张量第三不变量；k_2 为试验参数。在 π 平面上，Lade-Duncan 准则的屈服面随摩擦角变化逐渐由圆形过渡到三角形，当摩擦角较小时，屈服面接近于圆形，当摩擦角增大时，逐渐变化为外凸圆角三角形，当摩擦角为 90° 时，屈服面变化为等边三角形。Lade-Duncan 准则在主应力空间中是以主应力空间对角线为轴的锥体。Lade-Duncan 准则在描述土体三轴拉伸和三轴压缩时的强度也是不同的。

　　为了解决 Mohr-Coulomb 准则的不等角六边形屈服面中在角隅处数学微分时产生导数方向奇异性问题，日本学者松冈元 (H. Matsuoka) 和中井照夫 (T.

Nakai) 在 20 世纪 70 年代提出了空间滑动面概念 (Spatially Mobilized Plane, SMP)。SMP 强度准则认为土体的变形由在滑动面上剪应力与正应力的比值决定, 即当剪应力与正应力比达到极限值后土体发生破坏, 这一思想与 Mohr-Coulomb 准则相似。SMP 准则认为在主应力空间中三个不同主应力作用下, 土体有一个三维滑动面, 具体表达式为

$$\left(\frac{\tau}{\sigma}\right)_{\text{SMP}} = \frac{I_1 I_2}{I_3} = k_3 \tag{7-7}$$

SMP 准则在 π 平面上和主应力空间中的屈服面形式类似于 Lade-Duncan 准则。需要说明的是, SMP 准则与 Mohr-Coulomb 准则计算得到的土体三轴拉伸和三轴压缩时的强度分别相同, 可以认为 SMP 准则为 Mohr-Coulomb 准则的外接圆角三角形。

7.2.2 土体本构模型

土的本构模型主要有非线性弹性本构理论, 以及弹塑性本构理论等。土的非线性弹性本构模型中的模量参数随应力水平是变化的, 可以根据采用模量参数的不同分为 E-ν 模型和 K-G 模型。Duncan-Chang 模型是典型的 E-ν 模型, 其认为土体的应力-应变关系可以采用双曲线形式

$$\sigma_1 - \sigma_3 = \frac{\varepsilon_1}{a + b\varepsilon_1} \tag{7-8}$$

式中, ε_1 为轴向应变; a 和 b 为材料参数。

由于杨氏模量 E 和泊松比 ν 的测定受试验方法等因素影响较大, 所以在实际工作中 E-ν 模型参数的恰当取值比较困难, 后来的研究者建议在土体非线性弹性本构理论中用体积变形模量 K 和剪切模量 G 代替工程上常用的杨氏模量 E 和泊松比 ν, 发展出了 K-G 模型。体积模量 K 和剪切模量 G 可以分别通过等向固结试验和等 p 剪切试验直接独立且较为准确地获取, 同时 K-G 模型还可以考虑 K 和 G 的耦合作用对土体力学特性的影响, 可以模拟土体的软化性和剪胀性, 相较 E-ν 模型具有优越性。

土的弹塑性本构模型建立在增量理论或流动理论基础上, 认为塑性变形不可恢复, 应力和应变之间并不一定是一一对应的关系, 但是应力和应变的增量关系可以确定。增量理论将土体应变增量 $\mathrm{d}\varepsilon_{ij}$ 分为弹性应变增量 $\mathrm{d}\varepsilon_{ij}^e$ 和塑性应变增量 $\mathrm{d}\varepsilon_{ij}^p$ 两部分, 即

$$\mathrm{d}\varepsilon_{ij} = \mathrm{d}\varepsilon_{ij}^e + \mathrm{d}\varepsilon_{ij}^p \tag{7-9}$$

弹性应变增量 $\mathrm{d}\varepsilon_{ij}^e$ 按照弹性本构理论计算, 塑性应变增量 $\mathrm{d}\varepsilon_{ij}^p$ 按照塑性本构理论计算。塑性增量理论主要包括强度准则或屈服理论、流动理论和硬化理论。

强度准则或屈服理论用以判断一种载荷增量下是否会发生屈服，进而确定是否产生塑性应变增量和加卸载状态。流动理论是在产生塑性应变增量后确定塑性应变增量的方向。硬化理论是确定在一定的应力增量下产生的塑性应变增量的大小。

　　土的弹塑性本构模型中最著名的就是剑桥模型 (Cambridge Clay Model) 和修正剑桥模型 (Modified Cambridge Clay Model, MCC)。这两种模型是建立在临界状态理论 (Critical State Theory) 基础上的，而临界状态土力学被认为是现代土力学的开端。剑桥模型和修正剑桥模型对描述正常固结黏土和弱固结黏土的应变硬化、体积剪缩等力学特性，模型中的参数较少且可以通过常规三轴试验较为准确地获得。剑桥模型从能量方程推导出了应力比与应变增量比的关系，假设单位体积土体所受的力为 p 和 q，在此应力状态下产生了体积应变增量 $\mathrm{d}\varepsilon_v$ 和剪切应变增量 $\mathrm{d}\varepsilon_q$，则此时总的输入功增量为

$$\mathrm{d}W = p\mathrm{d}\varepsilon_v + q\mathrm{d}\varepsilon_q \tag{7-10}$$

　　这部分输入的能量一部分为土体在卸载状态下可回复的弹性功增量 $\mathrm{d}W^e$，另一部分是由于土体加载时产生塑性变形而被消耗掉，在卸载阶段不可恢复的塑性功增量 $\mathrm{d}W^p$。塑性功增量 $\mathrm{d}W^p$ 为

$$\mathrm{d}W^p = p\mathrm{d}\varepsilon_v^p + q\mathrm{d}\varepsilon_q^p \tag{7-11}$$

　　根据临界状态理论，土体破坏时的状态为 $q_c = M_c p$，$\mathrm{d}\varepsilon_v^p=0$，代入式 (7-11) 可得

$$\mathrm{d}W^p = p\mathrm{d}\varepsilon_v^p + q\mathrm{d}\varepsilon_q^p = q_c\mathrm{d}\varepsilon_d^p = M_c p\mathrm{d}\varepsilon_d^p \tag{7-12}$$

整理式 (7-12) 可得

$$\eta = \frac{q}{p} = M_c - \frac{\mathrm{d}\varepsilon_v^p}{\mathrm{d}\varepsilon_q^p} \tag{7-13}$$

　　一般定义 $\mathrm{d}\varepsilon_v^p/\mathrm{d}\varepsilon_q^p$ 为剪胀 D，$D < 0$ 时表明土体在剪切过程中发生体积膨胀，$D > 0$ 时表明土体在剪切过程中发生体积收缩。式 (7-13) 整理可得剑桥模型的剪胀方程为

$$D = \frac{\mathrm{d}\varepsilon_v^p}{\mathrm{d}\varepsilon_q^p} = M_c - \eta \tag{7-14}$$

　　式 (7-14) 为应力比与塑性应变增量的关系，可以看出对于剑桥模型，由于应力比 η 不可能大于临界状态应力比 M_c，因此该模型不能模拟出土体的剪胀行为。

　　此外，根据塑性流动理论的正交定律，即认为土体在发生塑性变形的过程中，塑性应变增量的方向必须始终垂直于塑性势面。假定应力主轴和应变主轴方向一

致，则正交定律在两个主轴方向上分别为

$$\mathrm{d}\varepsilon_v^p = \Lambda \frac{\partial \Phi}{\partial p} \tag{7-15}$$

$$\mathrm{d}\varepsilon_q^p = \Lambda \frac{\partial \Phi}{\partial q} \tag{7-16}$$

式中，Λ 为塑性因子；Φ 为塑性势面。

对于塑性势面 $\Phi=0$，其导全微分形式为

$$\mathrm{d}\Phi = \frac{\partial \Phi}{\partial p}\mathrm{d}p + \frac{\partial \Phi}{\partial q}\mathrm{d}q = 0 \tag{7-17}$$

将式 (7-15) 和式 (7-16) 代入式 (7-17) 可得

$$\mathrm{d}p\mathrm{d}\varepsilon_v^p + \mathrm{d}q\mathrm{d}\varepsilon_q^p = 0 \tag{7-18}$$

根据式 (7-13) 和式 (7-18) 整理可得

$$\frac{\mathrm{d}q}{\mathrm{d}p} = \frac{q}{p} - M_c \tag{7-19}$$

通过求解常微分方程可得塑性势面 Φ 的表达式为

$$\Phi = \frac{q}{p} - M_c \ln \frac{p_0}{p} = 0 \tag{7-20}$$

式中，p_0 为塑性势面的尺寸。

剑桥模型采用相关联流动法则，即屈服面和塑性势面采用相同的形式，不再额外确定屈服方程，但是剑桥模型在塑性势面右端点处对平均应力 p 求偏导数时得到的塑性流动方向不垂直于塑性势面，这与等向固结时的试验是不相符的，因此 1968 年 Roscoe 提出了修正剑桥模型。修正剑桥模型为了克服剑桥模型的缺点，将塑性功增量的计算形式修改为

$$\mathrm{d}W^p = p\mathrm{d}\varepsilon_v^p + q\mathrm{d}\varepsilon_q^p = p\sqrt{(\mathrm{d}\varepsilon_v^p)^2 + (M_c\mathrm{d}\varepsilon_q^p)^2} \tag{7-21}$$

按照剑桥模型的塑性势面求解过程同样可以求得修正剑桥模型的塑性势面表达式为

$$\Phi = q^2 + M_c^2 p(p - p_0) = 0 \tag{7-22}$$

在 p-q 空间中修正剑桥模型的塑性势面为椭圆，这样保证了在 $q = 0$ 时的等向固结过程中不会产生塑性剪应变增量。需要说明的是，修正剑桥模型的塑性功增量表达式并不满足数学运算。

剑桥模型和修正剑桥模型虽然能够描述正常固结黏土的力学特性,但是无法描述砂土等散粒状材料由剪切引起的剪胀特性,也不能描述超固结黏土的应变软化特性。在临界状态土力学理论的基础上,针对超固结黏土的软化问题,后来的学者 Krieg(1975)、Dafalias 和 Popov(1975) 分别独立提出了边界面模型。边界面模型认为土的先期固结状态可以由边界面代表,在边界面内部存在一个加载面,土的当前应力状态可以加载面表示,当土处于加载或卸载阶段时,加载面可以在边界面内部按照等向硬化准则扩大或缩小,但是加载面不能突破边界面。引入径向映射准则,可以根据加载面上的真实应力状态求得边界面上对应的“像应力”。土的塑性模量沿着应力路径从加载面上的无限大或非常大的值变化到边界面上的特定点。

对于砂土材料,试验结果表明其力学特性具有状态相关性,如松砂在剪切过程中表现出硬化和剪缩现象,中密砂和密砂在低围压下剪切表现出软化和剪胀现象,在高围压下表现出硬化和剪缩现象。Been 和 Jefferies[229] 针对砂土的上述性质,提出了“状态参数”的概念,创新地解决了砂土在不同试验条件下表现出的不同的力学行为的问题,将砂土的力学特性动态地与所处的状态联系起来。此外,李相崧等又将状态参数与边界面理论结合起来,提出了与状态参数有关的剪胀应力比和边界应力比的概念及数学表达式,可以很好地描述砂土软化和剪胀等力学特性。此后,土的弹塑性本构模型向着更加复杂的方向发展,针对不同土体的特定力学行为,更多高级的弹塑性本构模型被提出,这里就不一一赘述。

7.3 微生物土本构理论

7.3.1 MICP 加固砂土的力学特性分析

MICP 加固砂土主要是生成碳酸钙来提高砂土强度,加固过程中一般有三种碳酸钙沉积形式:① 碳酸钙晶体附着在砂颗粒表面,增加砂土颗粒表面粗糙度,如图 7-1(a) 和 (b) 所示;② 碳酸钙晶体在砂颗粒间逐渐生长沉积,最终形成较大的晶簇将砂颗粒连接起来,如图 7-1 (c) 和 (d) 所示;③ 碳酸钙晶体附着在相邻的砂颗粒接触处,使颗粒间产生胶结,如图 7-1 (e) 和 (f) 所示。

碳酸钙晶体的三种沉积形式会对 MICP 加固砂土的力学性质产生显著影响。碳酸钙晶体附着在砂颗粒表面后,砂颗粒表面的粗糙度增加的同时砂颗粒之间的孔隙体积会减少,导致土体内摩擦角增大,剪胀增加。碳酸钙晶体在砂颗粒间或者接触处的生长和沉积主要会对砂土颗粒起到桥接和胶结作用,并使得砂土体抗剪强度显著提高。

O'Donnel 等 [230] 对 MICP 加固的 Ottawa20/30 砂土进行三轴剪切后的重塑装样再剪切试验,他们发现试样经过多次剪切之后强度与未加固砂基本相同,但是剪胀和刚度较未加固砂仍有提高。通过对该学者的试验结果分析,MICP 加固砂土的破坏机理可以假设为：剪切过程中沉积的碳酸钙逐渐被破坏导致砂土颗粒间的桥接和胶结作用减弱，但附着在砂颗粒表面的碳酸钙未被完全破坏磨损掉，同时胶结破坏后的碳酸钙转化第一种沉积方式。所以碳酸钙的胶结作用退化造成强度降低，出现应变软化现象和剪胀。当胶结作用完全丧失后，附着在砂颗粒表面的碳酸钙仍会使其表面粗糙度增加，刚度和剪胀增加，但是对强度贡献较小。

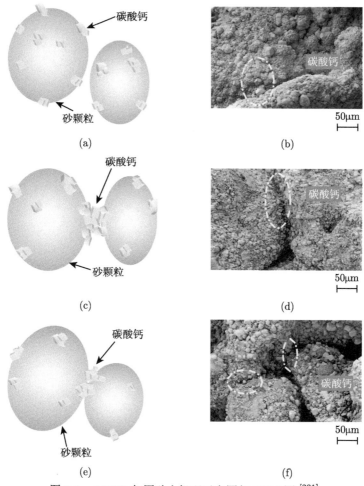

图 7-1 MICP 加固砂土机理示意图与 SEM 图[231]

7.3.2 破坏包络线

颗粒间胶结作用土体的破坏包络线一般是通过对相同胶结程度不同围压下的三轴剪切试样的峰值强度进行拟合得到。通过破坏包络线可以确定 MICP 加固砂土的初始黏聚力和峰值摩擦角。图 7-2 分别给出了 MICP 加固 Ottawa20/30

砂 [157]，MICP 加固石英砂 [30] 和 MICP 加固钙质砂 [232] 在 p'-q(p' 为平均有效应力，q 为偏应力) 空间中的峰值应力点和破坏包络线。

图 7-2 中的 B_{ca} 和 CCC 分别代表 MICP 方法加固石英砂和钙质砂中生成的碳酸钙的质量分数。对于用 MICP 加固的石英砂，可以采用酸性溶液洗涤的方式去除生成的碳酸钙晶体并根据质量差值计算得到碳酸钙的质量分数，如式 (7-23)：

$$B_{\mathrm{ca}} = (m_i - m_a)/m_i \times 100\% \tag{7-23}$$

式中，m_i 为 MICP 加固后的试样干重，m_a 为酸洗后的试样干重。

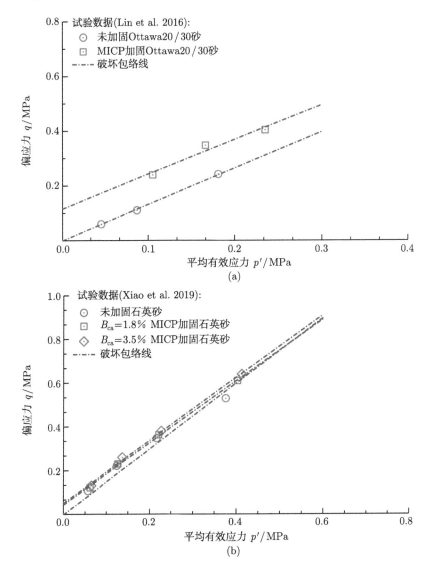

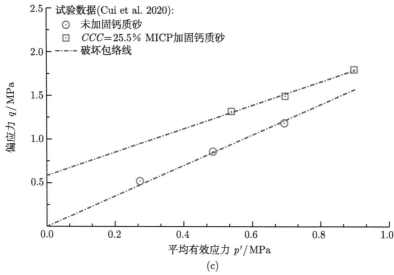

图 7-2   试验峰值应力点和破坏包络线 [231]

(a)Ottawa20/30 砂；(b) 石英砂；(c) 钙质砂

对于采用 MICP 方法加固的钙质砂，由于钙质砂的主要成分——碳酸钙可以被酸性溶液腐蚀，所以不能采用酸洗法计算生成的碳酸钙质量，一般采用利用 MICP 加固试样后和加固试样前的干重差值计算得到的碳酸钙质量分数，计算方法如式：

$$CCC = (m_{\mathrm{MICP}} - m_{\mathrm{un}})/m_{\mathrm{un}} \times 100\% \qquad (7\text{-}24)$$

式中，m_{MICP} 为 MICP 加固后的试样干重，m_{un} 为未加固试样干重。

从图 7-2 可以看出，由于碳酸钙的胶结作用，采用 MICP 方法加固以后的 Ottawa20/30 砂、石英砂和钙质砂的黏聚力均有一定的增加。采用 MICP 方法加固钙质砂在 p'-q 空间破坏包络线的斜率减小，峰值摩擦角相较于加固之前明显减小，产生这个现象的原因可能是钙质砂颗粒表面存在很多孔隙，并且砂颗粒形状不规则，在 MICP 方法加固过程中生成的碳酸钙将钙质砂颗粒表面的内孔隙填充，使其表面更加规整导致摩擦角减小。

7.3.3   临界状态线

Roscoe，Schofield，Wroth 于 1958 年提出了临界状态概念，这一概念是在试验的基础上建立的。临界状态定义为：土体在剪切试验的大变形阶段趋向于变形过程最后的稳定不变的状态，即体积和应力不变，而剪应变还在不断持续地发展和流动的状态。换句话说临界状态就是土体在经过充分的剪切变形后将进入不规则的塑性的流动状态。可以用公式 (7-25) 表示：

$$\partial p'/\partial \varepsilon_d = \partial q/\partial \varepsilon_d = \partial v/\partial \varepsilon_d = 0, \quad \partial \varepsilon_d/\partial t \neq 0 \qquad (7\text{-}25)$$

　　图 7-3 分别给出了在 e-$\ln p'$ 和 p'-q 空间中 MICP 加固石英砂[23] 和 MICP 加固钙质砂的临界状态线。可以看出，在 e-$\ln p'$ 空间中 MICP 加固石英砂和 MICP 加固钙质砂的临界状态线随加固程度增加向上移动，且近似平行。造成这种现象的原因可能是剪切过程中试样达到临界状态时砂颗粒间仍然存在一定的胶结作用碳酸钙，同时附着在砂颗粒表面的碳酸钙也会产生影响。

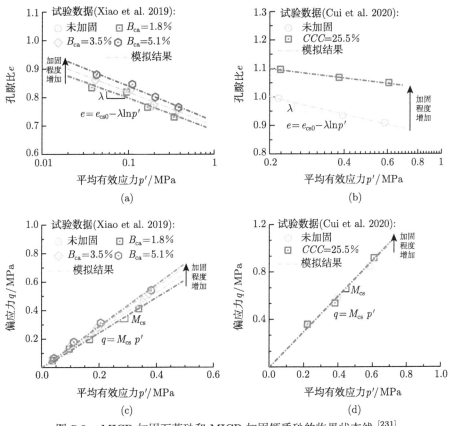

图 7-3　MICP 加固石英砂和 MICP 加固钙质砂的临界状态线[231]

(a)～(b) e-$\ln p'$ 空间；(c)～(d) p'-q 空间

　　从图 7-3 (c) 可以看出，p'-q 空间中 MICP 加固石英砂的临界状态线随加固程度增加，斜率逐渐增大，表明被加固砂土的临界状态摩擦角增加，主要是由于加固程度较高时有更多的碳酸钙附着在砂颗粒表面，导致其表面粗糙度增加。同时，加固程度的提高也会使剪切过程中胶结砂土颗粒的碳酸钙破碎之后转化为增加砂土颗粒表面粗糙度的碳酸钙更多。

　　从图 7-3 (d) 可以看出，MICP 加固钙质砂的临界状态线与未加固钙质砂的临界状态线的斜率相差不大，表明 MICP 加固钙质砂的临界状态摩擦角增加程度有限，主要是因为钙质砂的颗粒表面存在内孔隙，生成的碳酸钙将这些内孔隙填充。胶结作用破坏后仍有部分碳酸钙附着在砂颗粒表面，但是其对临界状态摩擦角的贡献并不如 MICP 加固石英砂明显。

7.3.4 屈服面方程

Yao 等[233] 基于 UH 模型中的椭圆屈服面，引入临界状态参数 χ，提出了适用于砂土的屈服面形式，如图 7-4。在 p'-q 平面内屈服面方程表示为

$$f = \frac{(1+\chi)\, q^2}{M_{cs}^2 p'^2 - \chi q^2} - \frac{p_0}{p'} + 1 = 0 \tag{7-26}$$

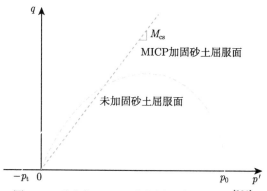

图 7-4　砂土与 MICP 加固砂土的屈服面[231]

式 (7-26) 中 p' 为平均有效应力；q 为剪应力；p_0 为屈服面尺寸；M_{cs} 为临界状态应力比；χ 为临界状态参数，可以控制屈服面形状。当 $\chi = 0$ 时，屈服面形状退化为修正剑桥模型的椭圆，当 $0 < \chi < 1$ 时，屈服面形状为水滴型。

对于 MICP 加固砂土，其屈服面由于胶结作用相较于未加固砂土的屈服面向 p' 轴的负半轴扩大，表示胶结作用使土体具有一定程度的抗拉强度。MICP 加固砂土的屈服面形状如图 7-4 所示。

对式 (7-26) 修正之后可得 MICP 加固砂土的屈服面方程为

$$F = \frac{(1+\chi)\, q^2}{M_{cs}^2 (p' + p_t)^2 - \chi q^2} - \frac{p_0 + p_t}{p' + p_t} + 1 = 0 \tag{7-27}$$

式中，p_t 为胶结作用引起的抗拉强度。

Baudet 和 Stallebrass[234] 在研究结构性土的本构模型时，认为结构性的丧失同时受塑性体积应变和塑性剪应变的影响，但是两者的影响比例目前还不能通过试验得到，可假设两者的影响相同。Chen 等[235] 通过定义塑性损伤应变来表示塑性体积应变和塑性剪应变对胶结作用退化的综合影响：

$$\varepsilon_d^p = \sqrt{(\varepsilon_v^p)^2 + (\varepsilon_q^p)^2} \tag{7-28}$$

本章节采用式 (7-28) 的形式并认为抗拉强度 p_t 随塑性损伤应变的累计逐渐减小，可以表示为

$$p_t = p_{t_0} \exp\left(-\xi \frac{1 + e_0}{\lambda - \kappa} \varepsilon_d^p\right) \tag{7-29}$$

式中，p_{t_0} 为初始抗拉强度，可以由 p'-q 空间中的破坏包络线与 p' 轴截距得到；ξ 为胶结退化速率参数；λ 和 κ 分别为 e-$\ln p'$ 空间中的临界状态线斜率和回弹线斜率。

Chen[235] 将剪切过程中胶结退化速率与塑性损伤应变建立指数函数关系，表征胶结退化速率随塑性损伤应变的累计逐渐增加。对 MICP 加固砂土的试验结果表明，胶结作用退化速率与围压也有关。胶结退化速率 ξ 需要综合考虑塑性应变与围压的影响，采用如下表达式：

$$\xi = \xi_0 \exp\left(\alpha p_{ic} + \beta \varepsilon_d^p\right) \tag{7-30}$$

式中，ξ_0 为初始胶结退化速率，α 和 β 为材料参数，p_{ic} 为固结围压。

加载方向的单位向量 $\mathbf{n} = [\mathrm{n}_p, \mathrm{n}_q]^{\mathrm{T}}$ 的两个分量为

$$\mathrm{n}_p = (\partial F/\partial p')/L_F \tag{7-31}$$

$$\mathrm{n}_q = (\partial F/\partial q)/L_F \tag{7-32}$$

式 (7-31) 和式 (7-32) 中 L_F 为加载方向向量的模：

$$L_F = \sqrt{(\partial F/\partial p')^2 + (\partial F/\partial q)^2} \tag{7-33}$$

$\partial F/\partial p'$ 和 $\partial F/\partial q$ 分别为屈服面方程对 p' 和 q 的偏导，如下式所示：

$$\frac{\partial F}{\partial p'} = -\frac{2M_{cs}^2(1+\chi)(p'+p_t)q^2}{[M_{cs}^2(p'+p_t)^2 - \chi q^2]^2} + \frac{p_0 + p_t}{p' + p_t} \tag{7-34}$$

$$\frac{\partial F}{\partial q} = \frac{2M_{cs}^2(1+\chi)(p'+p_t)^2 q}{[M_{cs}^2(p'+p_t)^2 - \chi q^2]^2} \tag{7-35}$$

7.3.5 塑性势函数与流动法则

砂土等散粒状土体的力学行为与土体所处的状态有关，胶结砂土的本构模型研究中同样也可以引入状态参数。Been 和 Jefferies[229] 所提出的状态参数应用较为广泛，其可以表示为当前孔隙比 e 与相同平均有效应力下对应的临界状态空隙比 e_{cs} 之间的差值：

$$\psi = e - e_{cs} \tag{7-36}$$

其中，临界状态线 CSL 上的孔隙比 e_{cs} 可表示为

$$e_{cs} = e_{cs0} - \lambda \ln p' \tag{7-37}$$

式中，e_{cs0} 为 $p' = 1 \text{ kPa}$ 时的临界状态孔隙比。

采用非关联流动法则，塑性势函数为

$$g = \frac{(1+\chi)\,q^2}{M_d^2(p'+p_t)^2 - \chi q^2} - \frac{p_0+p_t}{p'+p_t} + 1 = 0 \tag{7-38}$$

式中，M_d 为剪胀应力比，其与状态参数有关，广泛被采用的 Li 和 Dafalias[236] 提出的指数函数表达式：

$$M_d = M_{cs} \exp\left(k_d \psi\right) \tag{7-39}$$

式中，k_d 为剪胀相关的材料常数。

塑性流动方向单位向量 $\mathbf{m} = [\mathrm{m}_p, \mathrm{m}_q]^{\mathrm{T}}$ 的两个分量可以分别表示成下式：

$$\mathrm{m}_p = (\partial g/\partial p')/L_g \tag{7-40}$$

$$\mathrm{m}_q = (\partial g/\partial q)/L_g \tag{7-41}$$

式中，L_g 为加载方向向量的模：

$$L_g = \sqrt{\left(\partial g/\partial p'\right)^2 + \left(\partial g/\partial q\right)^2} \tag{7-42}$$

$\partial g/\partial p'$ 和 $\partial g/\partial q$ 分别为塑性势函数对 p' 和 q 的偏导数：

$$\frac{\partial g}{\partial p'} = -\frac{2M_d^2(1+\chi)(p'+p_t)q^2}{\left[M_d^2(p'+p_t)^2 - \chi q^2\right]^2} + \frac{p_0+p_t}{p'+p_t} \tag{7-43}$$

$$\frac{\partial g}{\partial q} = \frac{2M_d^2(1+\chi)(p'+p_t)^2 q}{\left[M_d^2(p'+p_t)^2 - \chi q^2\right]^2} \tag{7-44}$$

7.3.6 弹塑性增量关系

弹性体积应变分量和剪应变分量为

$$\mathrm{d}\varepsilon_v^e = \mathrm{d}p'/K \tag{7-45}$$

$$\mathrm{d}\varepsilon_q^e = \mathrm{d}q/(3G) \tag{7-46}$$

式中，K 为体积模量，G 为剪切模量。表达式分别如下：

$$K = (1+e_0)\,p/\kappa \tag{7-47}$$

$$G = 1.5K \left(1 - 2\mu\right) / \left(1 + \mu\right) \tag{7-48}$$

式中，e_0 为固结完成时的初始孔隙比，μ 为泊松比。

塑性体积应变分量和剪应变分量为：

$$\mathrm{d}\varepsilon_v^p = \langle (\mathrm{n}_p \mathrm{d}p' + \mathrm{n}_q \mathrm{d}q) / H \rangle \, \mathrm{m}_p \tag{7-49}$$

$$\mathrm{d}\varepsilon_q^p = \langle (\mathrm{n}_p \mathrm{d}p' + \mathrm{n}_q \mathrm{d}q) / H \rangle \, \mathrm{m}_q \tag{7-50}$$

式中，H 为塑性模量，$\langle \rangle$ 为 Macaulay 括号，当 $a \leqslant 0$ 时，$\langle a \rangle = 0$；当 $a > 0$ 时，$\langle a \rangle = a$。

7.3.7 塑性模量

塑性模量一般可以通过屈服面方程的一致性条件求得，但是为了描述土体塑性变形的状态相关性，需要将状态参数引入塑性模量中。本章节塑性模量采用如下形式：

$$H = h_0 G M_{\mathrm{cs}} (M_b - \eta^*) / (M_b \eta^*) \tag{7-51}$$

式中，h_0 为塑性模量，M_b 为峰值应力比，η^* 为修正应力比。

峰值应力比 M_b 表达式为

$$M_b = M_{\mathrm{cs}} \exp \left(-k_b \psi\right) \tag{7-52}$$

式中，k_b 为峰值应力比相关的材料常数。

修正应力比 η^* 可以表示为

$$\eta^* = q / (p' + p_t) \tag{7-53}$$

7.4 微生物土本构模型预测与验证

7.4.1 模型参数分析

引入状态参数的 MICP 胶结砂土的边界面本构模型共有 13 个参数，其中 κ 和 μ 为弹性相关的参数，λ、χ、M_{cs} 和 $e_{\mathrm{cs}0}$ 为临界状态参数，$p_{\mathrm{t}0}$、ξ_0、α 和 β 为胶结作用及胶结退化有关的参数，k_d 为砂土剪胀性相关的参数，k_b 为峰值状态参数，h_0 为塑性模量参数。

参数 λ，κ，μ，M_{cs} 为修正剑桥模型中的参数，可通过三轴试验和等向压缩试验获得。$e_{\mathrm{cs}0}$ 可以通过不同围压三轴试验的临界状态孔隙比在 $e\text{-}\ln p'$ 空间中拟合得到。参数 χ 通过 Yao 等 [233] 介绍的方法确定，但是由于缺乏 MICP 加固砂土正常固结线 NCL 的试验数据，该参数通过拟合试验数据的应力–应变关系得到。p_{t0} 的确定方法前文已经叙述。ξ_0, α 和 β 可以通过拟合三轴排水剪切试验的应力–应变关系得到。塑性模量参数 h_0 可以通过拟合三轴剪切试验的应力–应变曲线得到。k_d 和 k_b 的确定方法如下：

$$\left\{ \begin{array}{l} k_d = \dfrac{1}{\psi_d^0} \ln \dfrac{M_d^0}{M_{cs}} \\[3mm] k_b = \dfrac{1}{\psi_b^0} \ln \dfrac{M_{cs}}{M_b^0} \end{array} \right\} \tag{7-54}$$

式中，ψ_d^0 和 M_d^0 分别为相变状态下的状态参数和应力比；ψ_b^0 和 M_b^0 分别为峰值状态下的状态参数和应力比，可通过常规三轴排水试验数据获得。

采用表 7-1 中的基准分析参数，分析临界状态参数 χ，胶结作用退化速率参数 ξ_0，α 和 β 对应力–应变关系，剪胀规律和胶结作用演化的影响。

表 7-1　模型分析参数 [231]

初始状态	弹性参数	临界状态参数	胶结作用参数	其他参数
$e_0 = 0.8$ $p_{ic} = 100$ kPa	$\mu = 0.25$ $\kappa = 0.005$	$\lambda = 0.08$ $M_{cs} = 1.5$ $e_{cs0} = 1.2$ $\chi = 0.1$	$p_{t0} = 80$ kPa $\xi_0 = 0.2$ $\alpha = 0.01$ $\beta = 1.0$	$k_d = 1.5$ $k_b = 1.0$ $h_0 = 2.0$

图 7-5 为参数 χ，ξ_0，α，β 的变化对应力–应变关系、体变规律和胶结退化的影响。从图 7-5 可知，参数 χ 对体积应变的变化影响明显，随着 χ 的增大，试样体积应变由剪缩过渡到剪胀。同时，随着 χ 的增大，胶结退化速率增加，应变软化更加明显，但是峰值偏应力不变，说明 χ 的变化主要影响峰值强度后的胶结破坏速率，且 χ 增大会使到达峰值强度的应变减小。图 7-6 和图 7-7 可以看出，参数 ξ_0 和 α 对模拟结果的影响相似，即随着参数取值增加，胶结退化加快，且峰值强度降低，应变软化和剪胀现象更加明显，说明上述两个参数影响不仅影响峰值强度后的胶结破坏速率，同时影响峰值强度前的胶结破坏速率，即随着参数取值增大，在达到峰值强度前已有大量胶结作用破坏，使被加固土体整体强度降低。从图 7-8 可以看出，随着参数 β 的增大，胶结作用破坏速率增加，同时应变软化和剪胀现象更加明显，但是峰值强度和剪缩部分的体变几乎不受影响。从式 (7-28) 可以看出，参数 β 主要控制塑性损伤应变对胶结作用退化速率的影响，随着塑性应变的累计，参数 β 对退化速率的影响增大。

7.4.2　模型预测与验证

为了验证模型的适用性，选取 MICP 加固 Ottawa 20/30 砂、石英砂和钙质砂的三轴排水试验结果与模型计算结果进行对比分析。其中，Lin 等 [157] 分别对未加固和 MICP 加固的 Ottawa 20/3 砂开展了三轴排水剪切试验，试样的初始孔隙比为 0.65，初始有效固结围压分别为 25kPa，50kPa 和 100kPa。

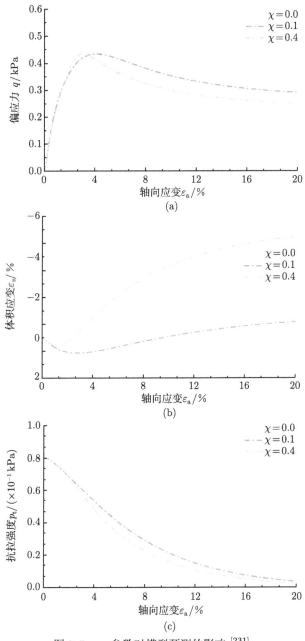

图 7-5　χ 参数对模型预测的影响 [231]

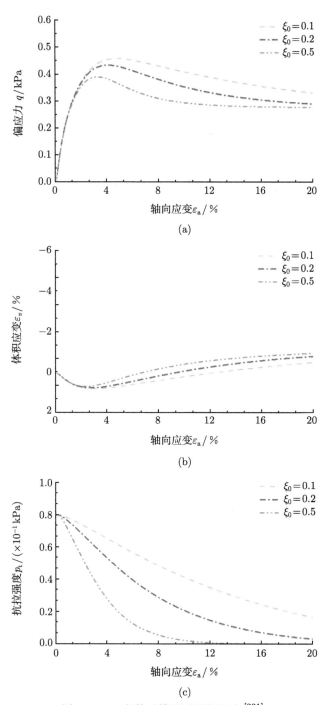

图 7-6　ξ_0 参数对模型预测的影响 [231]

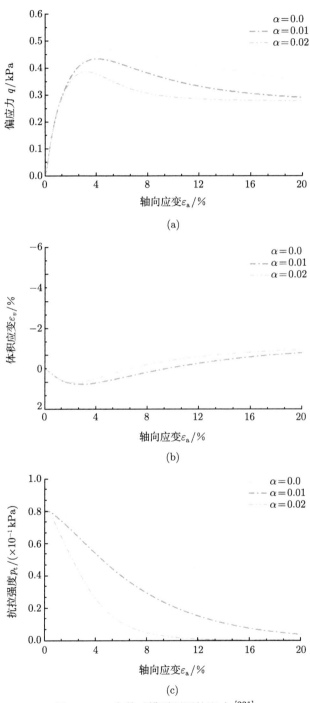

图 7-7　α 参数对模型预测的影响 [231]

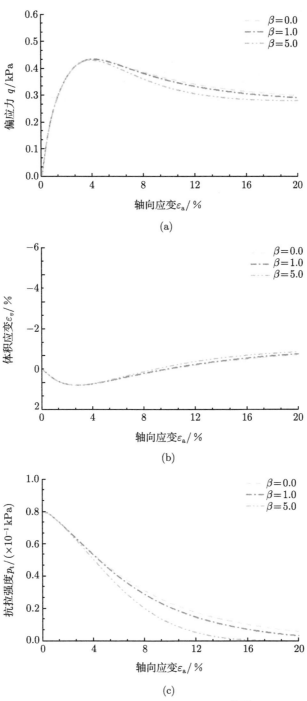

图 7-8 β 参数对模型预测的影响 [231]

Xiao 等 [237] 分别对未加固和三种 MICP 加固程度 (B_{ca}=1.8%，3.5%和 5.1%) 的石英砂开展了四种有效固结围压 (20kPa，50kPa，100kPa 和 200kPa) 三轴排水剪切试验，试样的初始孔隙比为 0.65。Cui 等 [232] 对不同 MICP 加固程度的钙质砂进行三轴排水剪切试验，固结围压分别为 100kPa，200kPa 和 300kPa，试样的初始孔隙为 0.92。模型参数均通过试验数据进行校准，不同材料的模型计算参数取值见表 7-2。

表 7-2　模型计算参数 [231]

参数	Ottawa 20/30 砂	MICP 加固 Ottawa 20/30 砂	MICP 加固 石英砂 B_{ca}=1.8%	MICP 加固 石英砂 B_{ca}=3.5%	MICP 加固 钙质砂
μ	0.32	0.30	0.30	0.30	0.25
λ	0.009	0.001	0.049	0.051	0.047
κ	0.001	0.015	0.005	0.005	0.002
M_{cs}	1.29	1.43	1.23	1.42	1.43
e_{cs0}	0.714	0.736	1.024	1.054	1.349
χ	0.02	0.1	0.1	0.1	0.1
k_d	2.5	1.5	1.5	1.2	1.5
k_b	1.0	1.5	2.0	0.8	0.1
h_0	0.8	5.0	1.5	2.5	3.5
p_{t0} (kPa)	—	92.5	32.21	36.29	434.5
ξ_0	—	0.28	0.21	0.15	0.27
α	—	0.013	−0.016	0.01	−0.005
β	—	5.0	1.0	2.0	5.0

图 7-9 为 Ottawa 20/30 砂和 MICP 加固 Ottawa 20/30 砂在不同围压下的试验结果与本构模型模拟结果对比。可以看出，模型可以较好地模拟 Ottawa 20/30 砂在各围压下的应力–应变发展规律和剪胀现象。对于 MICP 加固 Ottawa 20/30 砂，本章节建立的本构模型计算得到各围压下的应力–应变曲线的峰值应力点对应的轴向应变大于试验结果，模拟的剪胀整体大于试验结果。但是，本章节模型可以较好地模拟出 MICP 加固 Ottawa 20/30 砂在达到峰值强度后，由于塑性应变的累计，碳酸钙对土体的胶结大量破坏而出现强度陡降的脆性破坏。

图 7-10 为两种加固程度 (B_{ca}=1.8%，3.5%) 的 MICP 加固石英砂在不同初始有效围压下的试验结果与数值模拟结果对比，从图中可以看出模型能够较好地反映 MICP 加固石英砂的软化特性和体积变化规律。

图 7-11 了本章节模型计算结果与 Cui 等 [232] 对 MICP 加固钙质砂 (CCC=25.5%) 的三轴排水剪切试验结果的对比，可以看出本章节所建立的本构模型能较好地模拟出 MICP 加固钙质砂的应变软化特性，且其胶结退化速率随围压改变而不同，具体为低围压时胶结退化速率较快，软化更加明显；高围压时胶结退化

速率较慢。同时，上述结果也验证了本章节将胶结退化速率与围压建立关系的正确性。对 MICP 加固钙质砂体变的变化规律的模拟结果较差，表现为低围压时剪胀较小，且剪胀增长速率较慢，高围压时剪胀过大。

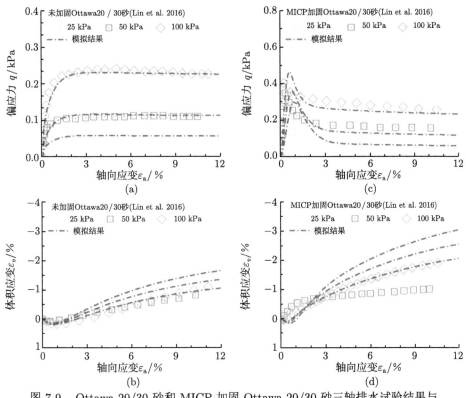

图 7-9　Ottawa 20/30 砂和 MICP 加固 Ottawa 20/30 砂三轴排水试验结果与
模型预测对比 [231]

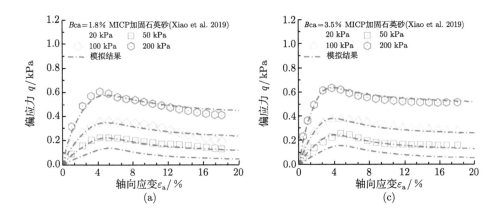

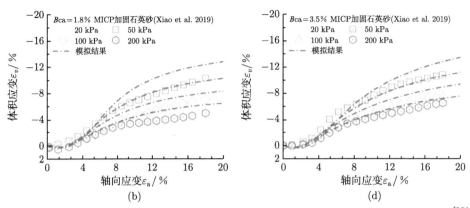

图 7-10　$B_{ca}=1.8\%$ 和 $B_{ca}=3.5\%$ MICP 加固石英砂三轴排水试验结果与模型预测对比 [231]

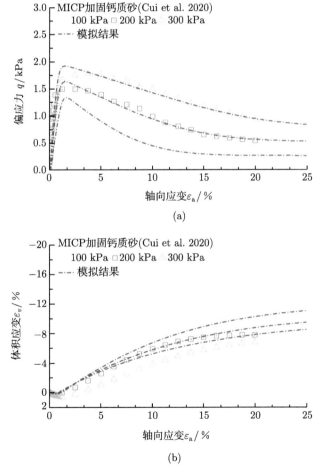

图 7-11　$CCC=25.5\%$ MICP 加固钙质砂三轴排水试验结果与模型预测对比 [231]

7.5 本 章 小 结

本章介绍了土体本构的基本知识,并针对 MICP 加固砂土的强度和变形特征,在分析加固和破坏机理的基础上,基于临界状态土力学理论框架,将胶结退化速率与围压和塑性应变建立关系,采用非关联流动法则,引入状态参数和剪胀应力比及峰值应力比,建立了 MICP 加固砂土状态相关的弹塑性本构模型。将模型计算结果分别与 MICP 加固 Ottawa 20/30 砂、MICP 加固石英砂和 MICP 加固钙质砂的三轴试验结果进行对比,得到以下结论:

(1) 通过对 MICP 加固砂土的破坏包络线进行分析,发现石英砂和钙质砂经 MICP 加固后土体黏聚力都有所增加,但是 MICP 加固石英砂的峰值摩擦角增加,MICP 加固钙质砂的峰值摩擦角减小。主要是两种砂土颗粒本身的形状、表面粗糙度及钙质砂存在的内孔隙使碳酸钙沉积方式及对力学性能的贡献存在差异导致。

(2) 对 MICP 加固石英砂和 MICP 加固钙质砂的临界状态线进行分析,发现临界状态线在空间中随加固程度增加而向上移动,原因可能是被加固土体中的胶结作用未完全破坏或碳酸钙附着在砂颗粒的表面。在空间中随加固程度增加 MICP 加固石英砂的临界状态线的斜率逐渐增大,但是 MICP 加固钙质砂的斜率增加不明显,主要是由于钙质砂的颗粒表面存在内孔隙。

(3) 通过对不同 MICP 加固程度的三种砂土的三轴排水剪切试验的模拟,表明该文建立的本构模型能够较好地模拟 MICP 加固砂土随胶结退化出现的应变软化行为及体积变化规律。

第 8 章　微生物土工程应用

8.1　概　　述

传统土体注浆处理方法如水泥加固、化学材料注浆在复杂环境 (如消落带劣化岩质边坡、软黏土地区、海洋岛礁工程等) 下的工程应用存在诸多问题，例如水泥浆液流动性较差，难以填充微裂隙，海水对水泥存在腐蚀作用，而化学浆液与岩土体材料相容性差，多数化学材料具有毒性，会对人体和环境形成危害等。此外，传统注浆加固往往会需要借助外界较大的压力 (如液压、气压等) 将胶凝材料注入岩土体中，注浆成本较高、操作较为繁琐。

近些年来，微生物岩土加固技术作为迅速发展的新型岩土体加固技术，国内外研究者从微细观加固机理探究到室内生物理化试验和单元试验，再至中小尺度的模型试验以及现场试验，均得到了不同程度的研究 [60,238]，已有大量研究表明微生物加固是极具潜力和应用前景的环境友好型岩土技术，并逐步应用于实际岩土工程中。微生物注浆技术因其浆液黏度低、流动性优良，可通过低压注浆方式充填岩土体内部孔隙与微裂隙。此外，因其非扰动和相容性好等特点，对环境影响较小且胶结强度高。

目前微生物技术在岩土领域的应用主要集中于生物胶结与生物填充两方面，前者是利用微生物诱导反应生成的碳酸盐沉淀沉积于土体颗粒间并形成桥接，进而将松散的土体颗粒胶结成具有一定强度和刚度的整体；后者则通过沉积反应的碳酸钙或微生物产气过程填充封堵孔隙，改善土体抗渗性能。国外 VolkerWessels 公司对荷兰某地下输气管线地基进行微生物加固处理 [158]，处理区域为深度 3~20 m 共计约 1000 m³ 的松散砾土，处理方法为将微生物菌液和包含尿素、氯化钙的反应液注入处理土体一侧，再从另一侧抽出溶液直至电导率和铵根产物浓度恢复初始值，试验整体上成功进行，现场取样测得碳酸钙含量可达 6%。此外，研究者 Cuthbert 等 [72] 对地表面积 4 m²、地下深 25 m 的裂隙岩体进行了微生物注浆处理，并监测到渗透率显著降低，且在环境地下水 12 周之后，渗透率仍然保持稳定。Phillips 等 [73] 对地下钻井 340.8 m 处存在的深部岩体水平裂隙进行现场修复试验，经过微生物处理前后，测得压力从 30% 降低至 7%，且通过超声波成像测井仪监测到固体含量的增加。国内方面，谈叶飞等 [239] 对安徽滁州大洼水库黏性土堤坝进行现场微生物加固试验，在坝体内埋设测压管监测内部水头，并监测渗漏量，结果表明经微生物处理后的坝体渗透系数下降幅度可达 99.3％。

此外，微生物岩土技术应用还包括了砂土抗液化、污染土治理等领域，潜在应用还包括碳封存、提高石油开采量和对土遗址的文物修复和加固保护，以及对废弃建筑材料微生物处理后二次利用，可以有效提高经济与环保效益。本章针对微生物岩土技术热点，从岛礁地基加固、坡面防侵蚀及文物与古建修复等方面工程应用案例进行介绍。

8.2　微生物加固岛礁地基

为满足日趋增长的国防战略建设及岛礁旅游开发需求，近些年来吹填造陆工程发展迅速。南海地区油气资源丰富，具有十分重要的战略地位。南海岛礁发育、分布范围广泛，用于吹填造陆的钙质砂地基主要成分为珊瑚礁、贝壳等碎屑物以及藻类生物残骸等物质，其主要由碳酸钙和难溶盐类组成。人工吹填岛礁所处地质环境复杂，经过海水的长期腐蚀和搬运作用，沉积的钙质砂往往存在孔隙率大、易破碎和难以胶结等特点，未经处理的钙质砂往往在较低应力下容易发生颗粒破碎、胶结破坏等问题，进而导致钙质砂地基在复杂地质作用下发生不均匀沉降、土体坍塌变形以及砂土液化等问题。因而，在过去的几十年里，寻求一种可用于岛礁地基处理和工程建设的方法是目前亟待解决的技术难题。

本节通过对南海某岛礁钙质砂进行现场微生物加固处理[59]，将绿色环保的MICP 技术引入到岛礁地基加固工程中，探究微生物加固处理对钙质砂地基强度的影响，以提供一种有效改善钙质砂地基稳定性的解决方案。

8.2.1　试验场地

试验地点位于南海某吹填岛礁，该岛平均海拔为 5 m，地处北回归线以南、赤道以北，属热带季风气候，年降水量 1509.8 mm，风力大，蒸发快，雨量充沛，终年高温、高湿、高盐。太阳直射时间多、日照长，年平均气温 26.5℃；一月最冷，平均气温 23℃；六月最热，平均气温 29℃；雨季为每年 5~6 月份。

拟加固钙质砂地基选址位于岛礁海岸附近，如图 8-1 所示，将拟加固地基分为四个部分，并依据预期加固程度从小到大依次为：未加固区、加固区 1、加固区 2 和加固区 3，其中加固的目标加固深度为 50 cm，并根据加固区长度 (150 cm) 和宽度 (150 cm) 可以计算出拟加固地基的体积 (1.125 m³)。采用有机玻璃板将每块地基四周分隔，以避免不同加固区之间微生物溶液与反应液发生流动，减少加固区之间的相互干扰。用于分隔的有机玻璃板尺寸为长 150 cm、高 60 cm、厚5 cm，其中高度方向地基深度埋深三分之二，即 40 cm 位于地基表面以下。

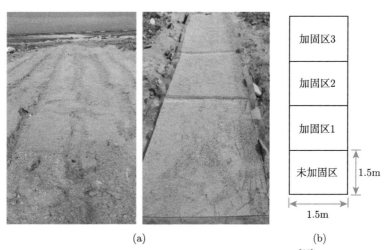

(a)   (b)

图 8-1　试验场地及拟加固地基分区示意图 [59]

8.2.2　微生物培养与运输

地基加固所用微生物为巴氏生孢八叠球菌，微生物溶液获取方法主要包括室内无菌培养、离心浓缩、低温运输及现场扩大培养，具体步骤如下：

(1) 室内培养：首先配制液体培养基 (酵母提取物 20 g/L，NH_4Cl 10g/L，$MnSO_4$ 12 mg/L，$NiCl \cdot 6H_2O$ 24 mg/L)，采用 1 M NaOH 溶液将培养基 pH 值调至 9.0 左右，接着对其微生物接种，然后置于 30℃ 条件下恒温振荡培养 24 h。

(2) 离心浓缩：将培养完成的微生物菌液置于高速离心机中，放入 4℃ 离心腔中在转速 4000 rpm 下离心 15min，离心完成后，微生物菌体沉淀在离心管底部，倒除上清液，将用新配的培养液将沉淀菌体溶解重悬浮，新配培养液的体积为原体积的 1/10，最终将浓缩后的微生物置于 4℃ 条件下的塑胶水袋中储存。

(3) 低温运输：将浓缩后的微生物菌液置于放满冰袋的保温箱中，并确保较低温度下恒温运输至现场，整个运输过程时长约 1~2 天。微生物运输到现场后，立即放入冰箱中低温 (4℃) 保存。

(4) 现场扩培：由于试验菌液用量较大，且为减少菌液制备成本，扩培培养基将酵母提取物替换为工业大豆蛋白胨，主要成分具体为工业大豆蛋白胨 25 g/L，尿素 10 g/L，$MnSO_4$ 12 mg/L，$NiCl \cdot 6H_2O$ 24 mg/L，并用 NaOH 溶液将培养基的 pH 值调节至 9.0~10.0，置于大型发酵罐中培养 12h。培养结束后，采用电导率法测量细菌分泌脲酶活性。随后，将活性达标的微生物用 0.9% 的 NaCl 溶液稀释后立即用于现场地基加固，稀释比例为 2:1。

此外，加固过程中使用的反应液为 1 mol/L 等浓度的尿素及 $CaCl_2$ 混合溶液。

8.2.3 岛礁地基加固方法及效果检测

在选址场地进行分区和平整后, 先在拟加固地基表面铺设一层百洁布, 然后在地基表面交替倾倒微生物溶液和反应液, 利用自重渗流使微生物溶液和反应液渗入地基内部。以一个加固周期为例, 具体地为: 首先向地基表面倾倒 1 倍孔隙体积的微生物溶液, 静置 1 h, 让菌液吸附在颗粒表面; 接着向地基表面倾倒 1 倍孔隙体积的反应液, 反应 11 h, 同时在地基表面覆盖防水薄膜防止溶液蒸发。如此重复上述步骤, 直至完成目标加固次数, 加固方案如表 8-1 所示。

表 8-1 MICP 加固钙质砂地基方案 [59]

编号	加固方式	加固次数	加固程度
未加固区	/	/	基准组
加固区 1	倾倒法	3 次	弱胶结
加固区 2	倾倒法	6 次	中胶结
加固区 3	倾倒法	9 次	强胶结

试验过程中通过原位检测和现场取样对地基加固效果进行检测, 如图 8-2(a) 所示, 试验初期先采用袖珍灌入仪测试地基表面加固强度, 其测点布置如图 8-2(b) 所示, 每一个加固区分别设置 16 个监测点, 在每次微生物菌液倾倒前, 测试一次表面贯入强度。随着加固程度的提高, 当地基强度超过袖珍灌入仪量程时 (3.059 MPa), 无法得到准确数据, 不再记录测点值。加固完成后, 首先用回弹仪测试地基加固强度; 然后拆除有机玻璃隔板, 测量实际地基加固深度, 并凿取块状试样带回室内进行进一步检测, 主要包括室内强度检测及微观结构观测。

8.2.4 结果与分析

1) 加固过程中强度变化

加固过程中地基表面贯入强度随加固次数的变化情况如图 8-3 所示, 从图中可以看出, 在进行前两次加固后, 钙质砂地基表面强度没有检测到明显变化; 在第 3 次加固完成后, 钙质砂地基中间部位测点强度逐渐开始提升, 而靠近有机玻璃隔板边缘部位点 (例如 11, 12, 13, 14, 24, 34, 44) 强度仍然没有明显改善。经过 4 次加固后, 所有地基表面监测点强度均得到不同程度的提高; 加固 6~7 次后, 除个别点外, 几乎所有测点的表面贯入强度均超过袖珍贯入仪量程 (3.059 MPa), 同时表明该测试方法无法进一步提供准确测值。由表面贯入强度结果可知, 经微生物处理后的钙质砂地基强度提高是不均匀的, 具体表现为: 地基表面中间部位强度提升较早, 且在经过 3 次加固处理后便检测到强度有所提升, 而地基加固区四周靠近边缘部位处的强度提升相对较为缓慢, 经过 4 次处理后才开始检测到强度提升。

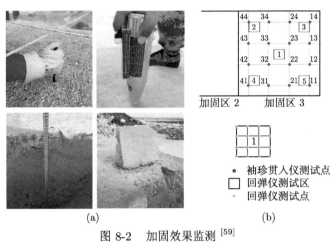

图 8-2　加固效果监测 [59]

(a) 原位检测及现场取样; (b) 监测点布置

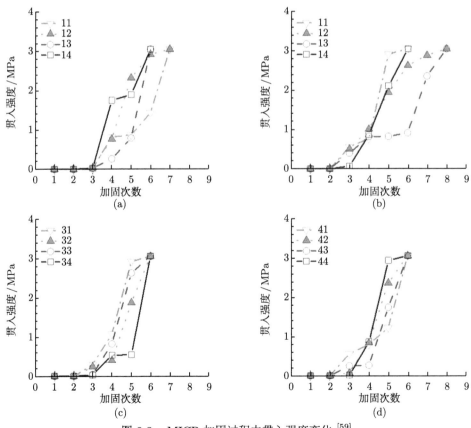

图 8-3　MICP 加固过程中贯入强度变化 [59]

2) 加固后表面强度

在不同加固区达到相应的目标加固次数后，用砼回弹仪检测加固地基表面强度，检测区位置分布如图 8-2 所示，每块加固区共设置 5 个检测区，每个检测区设置 16 个测点，其中加固区 3 的回弹仪测试结果如图 8-4 所示。可以看出，经过 9 次微生物加固处理后，加固区 3 的地基表面强度值均大于 10 MPa，平均强度分布在 12 MPa~15 MPa 范围内，最高可达 20 MPa 的强度，表明同一测区的强度变化较大。其中地基中心部位的表面强度平均值最大，约为 15 MPa，而地基四周表面强度略低于中间部位，但比较均匀约为 12 MPa ~13 MPa。因而可以得知，经过微生物加固处理后的钙质砂地基强度明显得到提升，但同时强度值分布范围较大，同一个测区的强度值差异最大可达 10 MPa，地基加固呈现不均匀性。

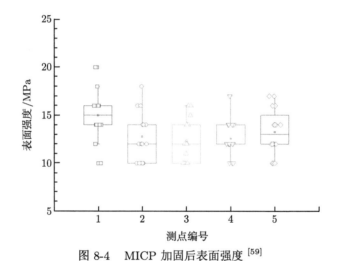

图 8-4   MICP 加固后表面强度[59]

3) 无侧限抗压强度

无侧限抗压强度是微生物加固效果检测的常用指标。通过将现场取样的微生物块体带回室内实验室切割成约长 60 mm、宽 60 mm、高 120 mm 的试样，采用 CMT5504 型电子万能试验机检测试样的无侧限抗压强度，通过位移控制加载速率，位移速率设置为 0.1 mm/min。试验共测试 5 块试样，强度值分布依然表现出较大差异，由高到低依次为：821 kPa、462 kPa、307 kPa、288 kPa 和 231 kPa。由此可见，钙质砂在微生物加固后形成弱胶结砂岩，强度得到显著提高，但是加固后强度差异较大，无侧限抗压强度差值最大可达 590 kPa。

4)SEM 微观观测

在试样进行无侧限抗压强度试验结束后，取部分样品采用电子显微镜 (SEM) 进行微观观测，结果如图 8-5 所示。其中图 8-5(a) 为不同放大尺度下的未加固钙质砂的结构特征，可以看出其呈现明显的多孔材料特性，孔隙率较大，结构形状不规则。UCS 强度为 821 kPa 和 231 kPa 的试样的微观结构特征分别如图 8-5(b) 和 (c) 所示 (图中黄色方框表示从左到右依次局部放大)。通过 SEM 微观图片可以看出，强度为 821 kPa 的试样的钙质砂颗粒粒径明显比强度为 231 kPa 的试样的颗粒粒径小；此外，强度为 821 kPa 的试样颗粒表面基本完全被反应生成的碳酸钙所包裹，残留孔隙的尺寸较小 ($16\sim20$ μm)，局部放大倍数下观测到碳酸钙主要以球霰石的形态存在；而强度为 231 kPa 的试样颗粒表面碳酸钙沉积较少，颗粒间接触点被碳酸钙胶结，但接触点数量较少，同时颗粒间孔隙尺寸较大，孔径在 100 μm 量级左右，局部放大倍数下碳酸钙主要以方解石的形态存在。

图 8-5　MICP 加固前后钙质砂微观结构 [59]

5) 地基加固不均匀性探讨

通过对岛礁地基加固效果的检测，可以发现岛礁地基加固存在不均匀特征，推测其原因可能存在以下几点。首先，人为倾倒的加固方式很难控制细菌及反应液均匀渗透并分布于土体间，容易导致土体间碳酸钙分布呈现不均匀沉积，进而影响地基强度分布的均匀性；其次，微生物加固钙质砂的强度与土体特性有关，包括但不限于颗粒的粒径及相对密实度等因素，根据上述 SEM 微观图片显示可知，地基中钙质砂颗粒粒径分布本身存在不均匀性，强度较高的试样的颗粒粒径较小，颗粒间接触点较多，且孔隙孔径较少；强度较低的试样的颗粒粒径和孔隙孔径明显较大，并且颗粒间接触点较少。针对上述原因分析，在未来的岛礁地基微生物加固过程中，一方面可以通过设计相应的机械自动化设备来改善微生物加固工艺，进而保证加固的均匀性；另一方面，针对工程实践过程中存在的土体的不均匀性现象，应进一步研究土体的不均匀性对 MICP 加固土强度的影响，根据现场实际工程需要选择合理级配和颗粒粒径范围，并配合合理的加固工艺以减小土体不均匀性对土体加固效果的影响。

8.3 微生物加固边坡抗侵蚀应用

在以福建为代表的我国南方地区，由于交通道路、矿区开采等工程项目建设，填方或开挖产生的高边坡数量越来越多，规模越来越大。南方地区降雨覆盖面广、持续时间长、降雨强度大，各类边坡工程长期要受到雨水的侵蚀作用 (如图 8-6 所示) 致土壤的基质吸力慢慢消失，抗剪强度下降，土壤在长期的干湿循环以及雨水冲刷作用下难以保持其原有的力学特性，从而导致边坡轻则出现不同程度的水土流失、坡面侵蚀、植被破坏，重则导致边坡的垮塌、滑坡，路面、路基的不规则沉降[240,241]。

图 8-6　现场边坡示意图[242]

本次现场试验的研究场地位于福建省龙岩市某项目建设园区内，园区内由于工程建设需要和山体开挖，人工堆积或开挖形成了许多尺寸较大的边坡，如图 8-6 所示，坡面长度和高度可达数十米，同时边坡的土体成分涵盖多种混合土体。本章通过结合边坡防护的实际需求，将绿色环保的 MICP 技术引入到边坡防护治理工作中，探究边坡土壤的抗降雨侵蚀能力，提供一种绿色环保的解决方案。

8.3.1　试验场地及土体工程性质

1) 现场试验边坡选取

本次现场试验选取的边坡坡度为 38°，坡高为 6.2 m，坡面长度约 10m。为了便于试验，边坡需要进行预处理，首先将边坡上堆积的尺寸大于 90 mm 的石块从坡面刮离以保证边坡表面较为规整，然后将边坡划分为宽度 1.5m 的 4 个矩形条状边坡作为试验区，试验区两侧边界钉入高约 20 cm 的复合板材料用以将边界围出，边界的下部制成 V 字状收拢，以便汇聚坡面流出物质，收拢处用混凝土砂浆固定一块弧状复合板充当流出物收集槽口；每块区域之间留出 50~70 cm 的马道用以架设人工降雨设备，同时方便人员走动。

2) 边坡土性

四个试验边坡分别编号为 S0、S1、S2 和 S3 对应微生物处理次数 0 次、3 次、6 次和 12 次。试验场区域内各个边坡的土壤多批次取回后按照土工试验规程在实验室内进行过筛，测定其级配曲线，测得的各坡面的级配曲线如图 8-7(a) 所示，SEM 微观观测下可以看出坡体土壤组成可分为砾石、砂土和粉土、粘土混合物 (图 8-7(b))，其中 S0、S1、S2 和 S3 四个边坡均以砾粒 (2~60 mm) 为主，分别占 58.26％、39.83％、37.07％和 39.16％，小于 0.075 mm 的细粒土部分分别占据

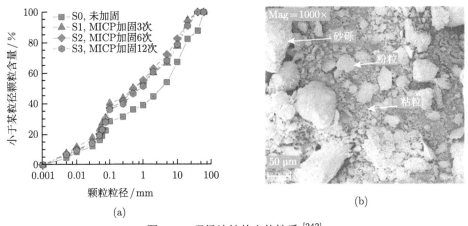

图 8-7　现场边坡的土体性质 [242]

土体的 22.49％、30.88％、30.32％和 27.86％。各坡面的级配曲线呈现出较为相似的粒度级配，这意味着不同边坡的测试结果具有可比性。

8.3.2 现场菌液与反应液配制

由于现场试验所耗费的微生物溶液体量较大，此次研究中选择在现场条件下进行大规模微生物养殖工作，一方面为微生物溶液的现场养殖工作做出指引和评估，另一方面更贴合微生物加固技术的工程实践推广，对此，在园区内的一个长度为 6 m，宽度 3 m 的集装箱板房内搭建了临时微生物实验室。如图 8-8 所示，实验室内安装了超净工作台、冷藏柜、电导率仪、高压灭菌锅、超净水机等微生物养殖设备。

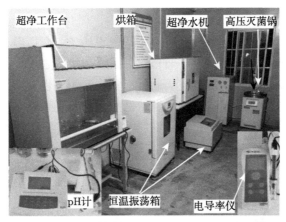

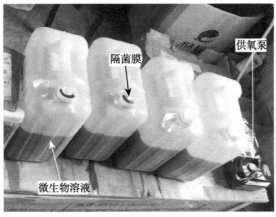

图 8-8 现场微生物实验室及微生物养殖示意图 [242]

微生物的现场养殖不同的是在大规模培养阶段，为了便于运输和堆放，将培养器具改为 15L 的塑料方桶，同时为了进一步降低物料成本，将实验室内液体培养基中的实验室级高纯度大豆蛋白胨改为工业级大豆蛋白胨。经过母菌活化、平板接种、一代菌种养殖流程，在大规模培养阶段，首先将塑料方桶进行消毒浸泡处理，然后用清水冲洗 2~3 遍，紧接着以工业大豆蛋白胨为基底，将配置好的液体培养基倒入塑料方桶中，随后每个方桶内加入由锥形瓶养殖的一代菌种 (150 ml) 并用封口膜和橡皮筋进行密封，最后使用充气供氧泵对每个方桶进行供氧，在室温下培育 12 h 即可获得大量新鲜的微生物菌液。微生物溶液在每次使用前均需要使用电导率仪对菌液活性进行检测以保证加固的有效性，同时由于现场条件下的局限性，无法在低温条件中保存如此大量的微生物溶液，培养出的菌液应该"现养现用"，以保证加固效果的高效性。

8.3.3　边坡加固方法及试验方案

1) 现场边坡加固方法

为了便于开展现场 MICP 加固工作，研究设计了一套适用于现场项目的微生物加固系统，主要分为坡面辅助支架和喷洒系统，如图 8-9 所示。

①坡面辅助支架搭建：沿边坡从上至下安装 5 组刚性支架，将支架置于边坡两侧的马道并加以固定，再将喷洒管道从上往下搭在支架表面，支架表面距离坡面约 20 cm，多组支架的均匀布置可以保证管道在整个坡面范围内保持悬空，从而提升喷洒加固的效率和均匀性。

②喷洒系统组建：喷洒系由溶液混合池、水泵、抽水管、物料桶、微生物溶液桶、喷洒管道以及可更换式喷头组成。胶结溶液的抽取由水泵完成，水泵的抽水管采用硬质水管避免真空负压造成管道瘪塌；同时，抽水管的入口处布置滤网以避免在抽水过程中大颗粒杂质堵塞喷洒系统。

③喷洒加固：喷洒前，将相应比例用量的微生物溶液 15 L 倒入微生物溶液桶备用，将配置好的 1 mol/L 的尿素和氯化钙溶液 75 L 倒入物料桶备用。喷洒时，为保证整个坡面的喷洒效果均匀一致，在边坡横向范围内分为左、中、右三个区域，每个区域喷洒 3 min 后将喷洒管道挪动到另一区域，如此往复循环保证喷洒均匀。

④坡面养护：为防止自然降雨造成坡面提前发生破坏，导致边坡试验条件发生改变，每次喷洒加固结束后，将坡面用塑料雨布进行覆盖，塑料雨布和坡面之间保留有 20 cm 左右的离地距离，可保证坡面的透气性和自然干燥。待所有边坡都完成加固工作后，依照冲刷试验的顺序逐个揭开塑料雨布进行试验。

2) 现场试验方案

为避免微生物溶液与反应液提前反应生成碳酸钙堵塞喷洒管道，将反应液和菌液均分为 4 个批次，喷洒前逐批次进行混合喷洒，每个批次喷洒时间约 4 min，喷洒全程耗时大约 15 min，在上一批次溶液即将喷洒完毕时迅速倒入下一批次溶液,尽量缩短两批次之间的间隙。喷洒结束后,立即用清水冲洗喷洒管道及水泵,避免造成堵管和不必要的锈蚀、损坏。每个边坡每次加固应该间隔 6 h 以上,以便微生物溶液和反应液充分反应,边坡微生物加固方案如表 8-2 所示。

图 8-9 喷洒装置及场边坡喷洒加固过程[242]

表 8-2 现场试验边坡加固方案[243]

边坡编号	加固次数	菌液用量/(L/次)	反应液用量/(L/次)
S0	0	0	0
S1	3	15	75
S2	6	15	75
S3	12	15	75

8.3.4 现场边坡冲刷及数据采集

1) 现场边坡冲刷流程

在开始冲刷试验之前,在地面空旷处先对降雨系统进行通水测试,以确保降雨系统的可用性;随后将坡面塑料雨布揭开,并撤走坡面辅助支架;然后将三组降雨系统支架均匀地布置在坡面上，降雨支架两侧钉入边坡两侧的马道内并且用消防锤压实固定；为避免降雨系统发生倾覆，在降雨支架顶部用锚绳进行辅助固定，将锚绳拉到坡顶处并锚固在坡顶，以保证整个降雨支架在试验中稳固、安全，降雨装置安装如图 8-10(a) 所示。

水泵安装置坡顶处，输入到降雨系统内的压力除了水泵提供的水压之外，还有自坡顶向下到达降雨系统输水管入口处高度差所产生的压强，这样可以保证降雨系统的压力始终处于过剩状态，避免水压不足导致降雨均匀性和强度发生改变。

降雨系统安装完毕后，为防止马道受到降雨的侵蚀导致损坏，阻碍人员在坡面上的行动，要用塑料雨布覆盖马道以及两侧相邻的边坡，保证只有试验区域内受到降雨作用。安装完毕后将压力表和遥控电磁阀调整到对应挡位，考虑到收集槽的接收能力和试验人员采集流出物质过程中的流量上限，此次现场试验中将降雨强度控制在 175 mm/h。

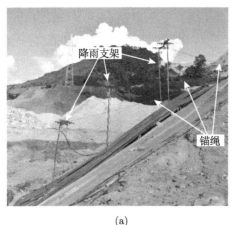
(a)

(b)

图 8-10 降雨与收集装置[242]

2) 试验数据采集

人工降雨冲刷试验持续时长为 3 h，将整个过程的冲刷试验分为 12 小节，每 15 min 进行一次数据收集工作，具体为：每 15 min 用水桶收集该小节内最后 1 min 的坡面流出物质，收集装置如图 8-10(b) 所示。收集完成后将每个时段内收集到的坡面流出物质称重、静止并烘干，再称取烘干后土壤成分的重量，用干土质量除以整体质量得到流出物质的含砂率，以此反应坡面的侵蚀演变过程。

此外，6 个土壤含水量传感器分别均匀地布置在边坡的上部、中部和下部，埋设深度分为浅层和深层，如图 8-11 所示，具体为边坡表面以下 10 cm 和 30 cm 处，将边坡上部 10 cm 深处的含水率传感器简称为 UP10 (Upper Part 10 cm)，其余部位的含水率传感器依次命名为 UP30 (Upper Part 30 cm)、MP10 (Middle Part

10 cm)、MP30(Middle Part 30 cm)、LP10 (Lower Part 10 cm)、LP30 (Lower Part 10 cm)，采样时间为每 3 min 采集一次含水率变化。每次冲刷结束后，应将数据传感器取出在通风处处进行晾晒，使其保持干燥，以免影响后续冲刷试验的数据收集。

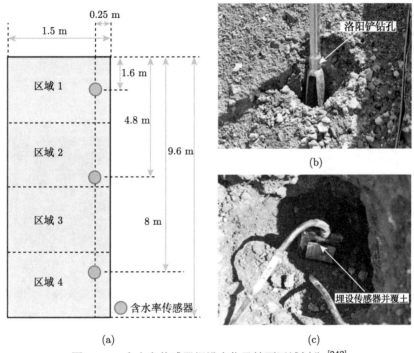

图 8-11　含水率传感器埋设点位及坡面区域划分 [242]

如图 8-11 所示，每个边坡沿坡高方向均匀分为 4 个区域，分别命名为区域 1、区域 2、区域 3 和区域 4，为避免在冲刷之前就对破面造成大范围的破坏，表面贯入度的测量工作放在冲刷试验结束之后 24 h，在坡面的各个区域内使用微型贯入仪测量四个区域的表面贯入阻力大小，将使用的笔头和数值做好记录。同样地，冲刷结束后在边坡表面各区域内用环刀采集 20 个土壤试样用于进行碳酸钙含量测试，数据收集如图 8-12 所示。

8.3.5　现场边坡抗侵蚀结果及分析

1) 现场边坡人工降雨侵蚀的目测观察

图 8-13(a)~(d) 显示了微生物加固处理 0、3、6 和 12 个循环的 4 个试验边坡在冲刷试验之前和冲刷实验结束后的坡面形态，每幅图左侧是冲刷之前的坡面形态而右侧是冲刷后的形态。

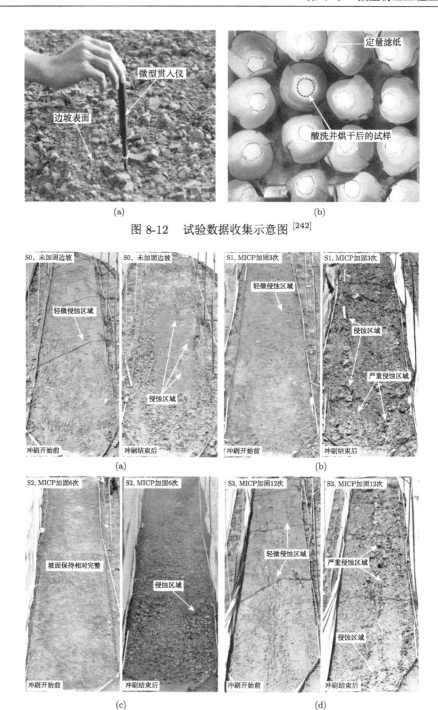

图 8-12　试验数据收集示意图[242]

图 8-13　现场边坡冲刷前后对比图[242]

在对 S0、S1 和 S3 斜坡进行降雨试验之前，在坡面可以观察到存在部分轻微侵蚀区域，是微生物加固溶液喷洒过程中，短时间内流量过大，形成的坡面径流所致，而 S2 的边坡形态在 MICP 加固完成后仍然保持相对完整。降雨试验后，在 S1 和 S3 边坡形成了显著的大面积侵蚀区，对应 3 次和 12 次的微生物加固次数。S0 和 S2 边坡在经历完整降雨持续时间后可以观察到相对较为轻微的侵蚀现象。经过较高加固次数的边坡反而表现出更严重的表面侵蚀形态，而经过中等加固处理 (6 次) 的边坡在降雨后的坡面保存最为完整。Jiang 等 [243] 也发现了类似的现象，其中微生物胶结程度最高的砂质模型边坡体现出整体边坡的不稳定性，产生的破坏也最为严重。他们推断，高浓度的细菌溶液会导致坡面堵塞，抑制深层土壤的胶结，降雨时表层土的自重增加，导致边坡失稳。

砂质边坡的表层可以形成硬壳，并且是不透水的，结壳层虽然可以提高表面土壤的抗侵蚀能力，防止土壤流失，但结壳层的低渗透性会导致坡面径流量的增多，这对坡面降雨侵蚀控制是一个新的威胁，提高抗侵蚀性和坡面径流量之间的平衡对于在边坡上实施 MICP 加固非常重要。在现场边坡冲刷实验中，虽然未发现边坡整体不稳定而导致破坏，但边坡表层和浅表层的 MICP 加固水平相较于整个坡面土体而言仍然处于较高水平，随着表面径流量的增加，坡面局部逐渐出现失稳现象，形成侵蚀细沟。值得注意的是，尽管 S3 边坡在降雨冲刷试验后的侵蚀看起来更加严重，但由于该坡面的微生物胶结加固效果最好，该边坡的侵蚀特征表现仍然优于其他边坡。此外，未经处理的边坡在测试后虽然从视觉上仍然保持了相对完整的坡面，但未处理边坡的土壤流失是最为严重的，主要是因为整个坡面内的侵蚀是较为均匀的，因此难以形成细沟，造成大面积的侵蚀破坏。

2) 现场边坡的侵蚀的特性

由于场地跨度较大，土体性质略有不同，4 个边坡各个部位的初始含水率无法保持一致，因此需要将每个边坡的含水率数据进行归一化处理，将测得的含水率值减去该传感器处的初始值，然后用除以该传感器监测过程中的最大含水率和初始含水率的差值即可得到各个传感器各时段含水率数据归一化后的图线。

如图 8-14 所示，坡面含水率开始增加的点，称为响应点，随着微生物加固水平的不同而发生变化。S3 边坡的含水率传感器数值开始增加的时间节点明显推后，响应点所对应的时间点最靠后，而 S0 的含水率传感器通常第一时间就开始发生变化，响应点时间最靠前。此外，随着 MICP 加固水平的提高，曲线的波动性减小，这意味着边坡土壤状态越来越稳定。

图 8-15(a) 展示了整个降雨过程中坡面流出物质含砂率的变化，可将降雨过程分为 3 个阶段。第一阶段即 0~1 h 内，由 MICP 加固次数不同引起的第一次收集的坡面流出物质，即 15 min 时的含砂率的差异是最显著的。S0 和 S3 边坡分别处于最高和最低的含砂率，随着加固次数的增加，15 min 时坡面流出物质含

砂率明显减少；随着降雨的持续，S0、S1 和 S2 的坡面流出物质含砂率逐渐减小，各边坡之间的差异逐渐缩小；在 75 min 之后，坡面流出物质含砂率较第一个小时明显变得更低；S3 边坡的坡面流出物质含砂率从一开始就保持得很低。在最后

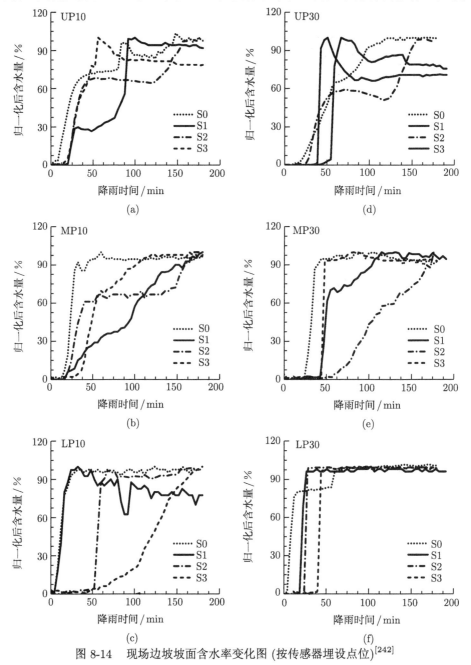

图 8-14　现场边坡坡面含水率变化图 (按传感器埋设点位)[242]

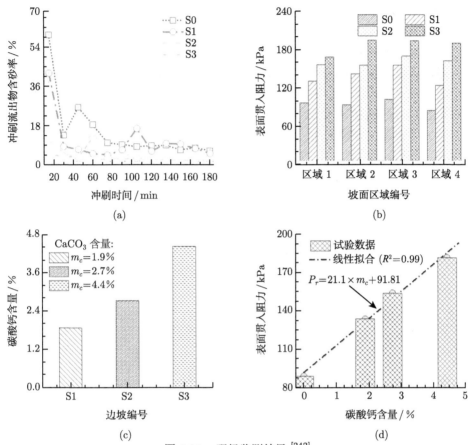

图 8-15 现场监测结果 [242]

(a) 现场边坡冲刷物质含砂率变化; (b) 坡面表面贯入阻力; (c) 坡面 CaCO₃ 含量;
(d) CaCO₃ 含量和表面贯入阻力之间的关系

一个降雨阶段,即 2~3 h 内,所有坡面的流出物质含砂率变化图线显示出相对轻微的差异,这意味着在当前降雨强度下的降雨侵蚀和土壤流失达到其极限。因而可以推断出三幅图中含砂率的突然增加是坡面的局部破坏引起的,这种破坏会在短时间内加剧水土流失。总体而言,各个边坡的坡面在降雨冲刷过程中都经历了快速发展到局部破坏最后逐渐稳定的过程,其中经由 MICP 加固处理的边坡虽然最终都产生了坡面土壤的流失现象,但在整个降雨过程中 MICP 加固处理将坡面流出物的产砂率控制在一个较低水平,尤其在降雨刚开始的阶段,这种保护效果更为明显。

图 8-15(b) 中绘出了每个边坡自上而下均分成的四个区域的表面贯入阻力。可以看出,同一边坡内的不同区域虽然表面贯入阻力有略微差异,但出入不大,总体上同一边坡经过 MICP 加固处理后,坡面的表面贯入阻力能够得到较为均匀的

提升，可以认为随着 MICP 加固次数的提升，边坡土壤的强度也得到了有效提升，这是由于微生物胶结作用更强和土壤颗粒之间的粘结和填充也更多了，尤其是在溶液容易渗透和浸润到的浅表层。

通过从坡面各个区域采集了 20 个坡面边坡土壤样本，采用酸洗测试法测量三个加固后边坡土壤样本中的碳酸钙含量，如图 8-15(c) 所示。可以看出，S1、S2 和 S3 边坡坡面表层的平均碳酸钙含量分别为 1.9%、2.7% 和 4.4%，碳酸钙含量随着微生物加固次数增多而增加。在此基础上，将坡面平均碳酸钙含量可与坡面平均表面贯入阻力作图，如图 8-15(d) 所示，两者呈现较好的线性关系。

图 8-16(a) 和 (b) 分析了不同监测点的降雨响应时间和本试验中计算的边坡湿润锋速度，其中对降雨的响应时间指的是含水率传感器从测试开始直到监测到含水率发生明显变化所需的时间，湿润锋速度是从边坡表面到含水率传感器的距

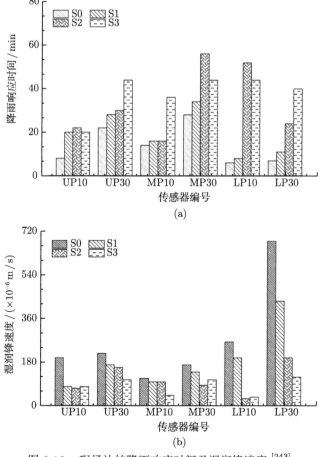

图 8-16　现场边坡降雨响应时间及湿润锋速度 [243]

离和响应时间之间的比率。从图中可以明显看出,对降雨的响应时间随着 MICP 加固次数的提高而增加,这意味着 MICP 加固处理可以有效地缓解降雨入渗;在图 8-16(b) 中,S0 和 S1 边坡下部的湿润锋速度明显高于中部和上部,然而,对于 MICP 加固次数较高的边坡,如 S2 和 S3,不同位置的湿润锋速度差异变得不明显。由此可以推断,未进行 MICP 加固处理或 MICP 加固处理水平较低的坡面侵蚀更严重,导致土壤流失更快,而表层土壤的剥离会加速降雨入渗,从而进一步导致湿润锋速度加快。

3) 微生物加固边坡抗降雨侵蚀的微观机理研究

为了研究 MICP 抗降雨侵蚀的微观机制,对具有不同微生物加固次数的 4 个边坡取样所得的土壤进行了 SEM 分析,如图 8-17(a)~(c) 所示。方解石晶体在可呈现不同的形态,如菱面体和球晶,这取决于钙源、温度、土壤性质等的影响。Xiao 等 [244] 发现沉淀在碳酸盐砂上的方解石晶体呈棱柱状,而在石英砂上的晶体则呈菱形。

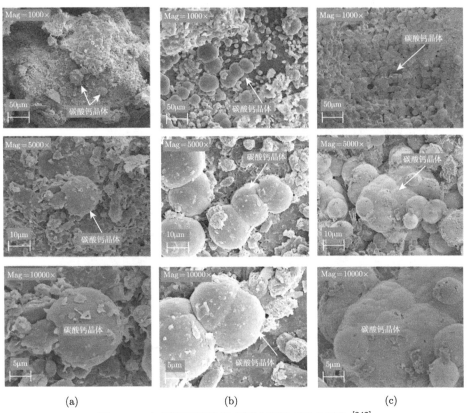

(a)   (b)   (c)

图 8-17   加固后现场边坡表面土壤的 SEM 图像 [242]

本研究中 MICP 产生的方解石晶体呈球晶状，分布在孔隙中和土壤颗粒表面。随着微生物加固次数的提高，微生物诱导生成的方解石晶体的数量显著增加。微生物加固 12 次后能有效填充土壤颗粒间的孔隙，这也解释了 S3 边坡降雨入渗速度最慢的原因。此外，如图 8-17(c) 所示，方解石晶体的结合和不规则形状的大方解石簇的形成很好地展示了随着碳酸钙的积累，土壤颗粒之间可以被有效地粘结在一起，进而提高土壤强度，因而碳酸钙含量较高的边坡具有较高的贯入阻力。

在现场复杂条件下，抗侵蚀试验验证了微生物加固法在含细粒土边坡抗降雨侵蚀领域的可行性，并且具有一定工程实践价值，为边坡降雨侵蚀的治理工作提供了新的思路，应进一步研究现场规模试验的具体实施技术，以提高其治理效率。

8.4 微生物矿化修复文物

8.4.1 修复石窟文物

在我国悠久的历史文化遗产中，石窟寺分布广泛、规模宏大、体系完整、内涵深厚、历史悠久，主要分布在四川、陕西、重庆、山西、甘肃、河南等省份。然而由于历史跨度时间久远，大多石窟寺遗址存在差异风化，这种分化现象不仅会破坏文物的完整，还会对后期运营造成威胁，如图 8-18 所示。此外，中小石窟寺保护滞后，结构失稳、风化、渗水、霉菌等病害多发，部分保存状况欠佳。其中，川渝石窟因地处潮湿环境，水分迁移、可溶盐、温湿度变化及酸雨酸雾等突出问题造就了其复杂、特殊的保存环境，成为保护工作的重点和难点。

图 8-18   大足石刻宝顶山卧佛 (图片来源于大足石刻研究院)

目前针对砂岩质石窟文物主要采用有机高分子材料进行修复，但随着保护修复工作的大范围使用，有机合成材料在高温高湿环境下的干燥性能、固化能力、防霉抗菌性以及其耐候性等问题愈发显著，不利于部分石质文物的保护修复，本节通过对世界文化遗产——大足石刻的佛指试样进行基于微生物加固的补配修复处理，将绿色环保的微生物加固技术引入到潮湿环境砂岩质石窟岩体的补配修复中，揭示微生物矿化补配修复机理及结晶动力学机制。

采用微生物诱导生成无机碳酸镁矿物技术对大足石刻岩石粉进行加固处理，具体地，将潮湿环境砂岩质石粉、微生物液体、固体尿素及活性氧化镁混合搅拌制备修复砂浆，固结试样如图 8-19 所示。加固完成后开展无侧限抗压强度试验、分层硬度试验、微观分析试验、耐候性试验等进行分析。结果表明，加固完成后的砂样矿物生成含量和试样强度随着养护龄期增长而提高；分层硬度试验表明经加固后的试样上下层硬度大于里层硬度，但总体差异低于 25%；SEM 分析显示，如图 8-20 所示，微生物处理后的试样生产了呈现针状晶体聚集成细枝状的胶结产物，并通过 XRD 表明产物为水菱镁石，具有稳定性好、硬度大、抗化学腐蚀性强、电阻率高和几乎不与水发生化学反应等特性。

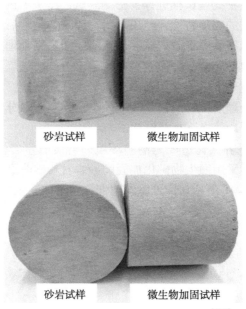

图 8-19　微生物加固砂岩石粉试样图 [245]

采用劣化模型箱开展微生物加固处理试样在干湿循环、冻融循环、酸雨、盐侵等作用下的劣化试验。结果表明，干湿循环作用下，饱和环境对试样养护效果具有一定的促进作用，进而提高试样强度；冻融循环对加固效果影响较小，加固试样仅表现出轻微掉粉现象；酸雨侵蚀可导致试样粉化剥落，且随着侵蚀次数的增加劣化加剧；硫酸盐侵蚀对试样加固效果影响最为严重，且破坏程度随硫酸盐浓度增加而增加，最终表现为"环状剥落"的破坏模式，分析原因在于硫酸钠晶体含量较高时，硫酸钠结晶所产生的结晶力大于试样之间矿物的胶结力，进而发生劣化破坏。

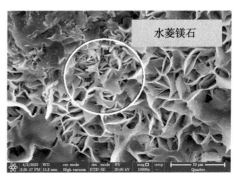

图 8-20　微生物矿化胶结砂岩石粉电镜扫描图

　　此外，还对微生物处理试样进行了密度测试、压汞测试、色差测试、吸水率测试探究微生物加固的物理特性。结果表明，微生物处理后的试样密度低于砂岩试样，孔隙率和吸水率略大于砂岩试样，说明经微生物处理后砂样保持一定的透气性，利于进一步地补配修复，但较高的孔隙率可能会加剧潮湿环境下的水岩相互作用，因此需要进一步地改善加固工艺和配方，达到较好的修复效果。色差测试表明，经微生物处理后试样的色差改变较小，肉眼难以分辨，单个参数色差数据相对居中，仅在平均值上下小幅波动。

　　选择大足石刻世界文化遗产为潮湿环境砂岩质石窟岩体补配修复应用示范点，对残缺佛指试样采用微生物矿化加固的砂岩石粉砂浆进行文物缺失部分的补配修复试验，如图 8-21 所示。通过脲酶菌催化水解尿素生成 CO_2，并矿化活性

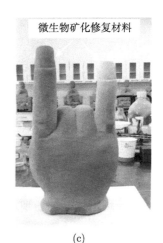

(a)　　　　　　　　　　　(b)　　　　　　　　　　　(c)

图 8-21　基于微生物碳化技术的石质文物补配修复[245]

(a) 补配修复前; (b) 补配修复中; (c) 补配修复后

氧化镁生成镁式碳酸盐晶体，起到填充、胶结岩土材料的作用，对脱落石粉的粘接具有显著效果。加固完成后采用硬度计、色差仪，结合室内试验、现场劣化试验及现场监测数据，检测佛指试样修复后的加固强度、色差及耐候性，并对补配修复效果进行跟踪监测与评价，初步验证了多因素作用下通过微生物加固方法进行砂岩质石窟岩体补配修复的有效性和实用性。

基于微生物矿化的石质文物补配修复方法，具有扰动小、操作简单、施工较快、绿色环保等突出优点。通过系统的微生物加固试样试验与分析，可以看出该技术可满足砂岩质石窟岩体补配修复对强度、色差和耐候性等的基本要求，对国家文物保护工作具有重要的社会经济效应，可以促进石质文物保护技术及微生物加固技术的未来发展，对于深入探究新型文物修复材料有着重要的理论意义和应用价值。

8.4.2 修复陶器文物

陶器的发明是人类文明的重要进程，充分展现了古代社会活动、宗教信仰、风土人情和艺术文化等，成为后人研究古代文化、艺术、政治、经济等方面的重要依据和珍贵资料。然而，随着历史的埋藏作用，出土时许多陶器已成破碎、酥粉的状态 (图 8-22)。为了挽救珍贵的陶器遗产，考古出土的破碎陶器需要进行清洁表面污染物、粘接断裂碎片、补全修复完善型制等技术流程来复原陶器型制的直观历史信息。目前针对出土陶器的粘接操作主要采用有机高分子材料进行 (如 α—氰基丙烯酸乙酯为主料的 "502" 瞬干胶和由环氧树脂为基料工程胶粘剂等)。但随着考古工作的大范围使用，有机高分子材料的弊端逐渐显现出来，如有机合成材料的毒性、胶结面结合力过大、柔韧性不足、耐候性不理想、可逆性难以实现等

图 8-22　重庆市文物考古研究院明代破损陶器碎片及其裂隙

问题，越发不适合陶器文物的修复。为了挽救珍贵的陶器遗产，采用何种适合的粘接修复材料逐步成为文物保护工作者需要思考解决的问题。

活性生物泥是指具有高脲酶活性的泥状碳酸钙沉淀 (图 8-23)，可以在土体和裂隙中起到预填充作用，再通过微生物加固反应，即活性生物泥中的脲酶菌催化水解尿素形成碳酸根，并与钙离子反应生成新的碳酸钙晶体，起到填充、胶结岩土材料的作用，具有扰动小、操作简单、施工较快、绿色环保等突出优点，对物体的粘接及裂缝的修补具有显著效果。

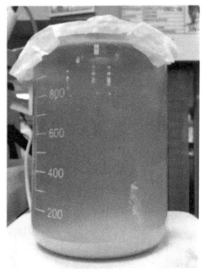

图 8-23　　含有生物脲酶活性的生物泥

针对重庆市文物考古研究院破损陶器文物的粘接修复，依照最小干预和不引入异质的文物保护原则，开展基于活性生物泥的陶器粘接修复试验，揭示活性生物泥诱导无机碳酸盐的陶器粘接修复机理，建立修复效果的整合度分析，构建新型环保的陶器文物粘接修复方法，促进陶器文物保护修复材料的更新迭代。

采用涂抹法开展活性生物泥修复陶器碎片粘接修复试验，实验流程如图 8-24所示，研究活性生物泥在粘接界面的吸附、生长、发育和脱落机制，对生物泥粘接修复陶器碎片的沉积物成分、分布状态、晶型、晶体形貌等进行分析，从微细观角度揭示生物泥的粘接修复机理，揭示活性生物泥在陶器粘接面的成核、结晶和生长的热动力学规律，以及修复环境、修复方式等因素对修复效率的影响；利用精密 ICT 测试设备，对生物泥粘接修复陶器碎片效果进行计算机层析成像分析 (图8-25)，明确活性生物泥分布、生长形式和胶结强度对粘接性能的影响规律。通过对生物泥粘接修复陶器碎片进行电镜扫描，如图 8-26 所示，可以看出陶器与固结生物泥存在反应界面，基于两者相容性效果较好，生物泥可以有效修复陶器碎片。

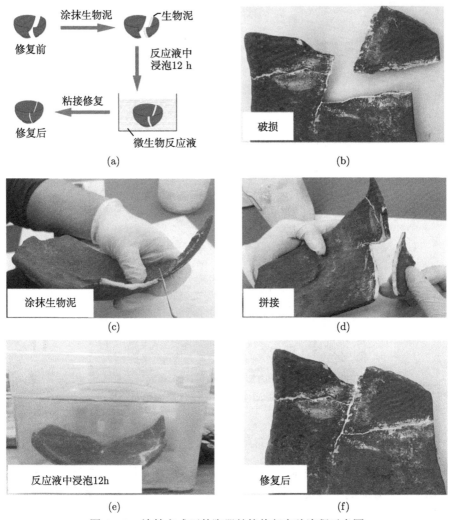

图 8-24 涂抹方式下的陶器粘接修复实验流程示意图

　　以陶器文物保护工作为牵引，针对现有胶粘剂材料的毒性、耐候性、可逆性等短板，利用活性生物泥诱导无机碳酸钙胶凝材料的特性，依照最小干预、不引入异质的陶器文物修复原则，明确活性生物泥的矿化固结机理，揭示活性生物泥的粘接修复机理，提出基于活性生物泥的陶器文物粘接修复方法，为陶器文物保护提供了一种新的思路和方法，这是本应用最大的特色。

图 8-25　　生物泥粘接修复陶器碎片 CT 扫描效果

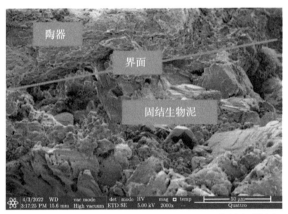

图 8-26　　生物泥粘接修复陶器碎片界面电镜扫描图

8.5　本　章　小　结

　　本章针对微生物矿化技术研究热点，从岛礁地基加固、坡面防侵蚀及文物与古建修复三个方面的工程实例应用进行了基本介绍，可以看出微生物岩土技术在使用效果、社会与环保效益方面优势显著，具有广阔的应用前景，然而在实际应用中，仍然存在着以下问题与挑战有待解决：

　　首先，微生物矿化反应复杂，涉及生物–化学–水力–岩土等多重耦合过程，其中细菌自身特性 (生长衰亡特性、产脲酶能力等) 对微生物加固土影响很大，目前广泛使用的微生物主要通过实验室培养得到，这种方式获得的细菌活性高。但对环境适应性差，且易引发公众对环境安全性的担忧。因而可通过向土壤中加入营养液激活土壤中的微生物，选育出所需要的菌种进行加固处理，该项技术也称作微生物原位激发技术，是一种更可取更环保的选择。此外，微生物矿化反应过程中还会产生高浓度的铵根产物，该物质的残留易引起土体和地下水富营养化，因而如何处理副产物依然是微生物岩土技术应用的难题之一。

其次，微生物胶结土的均匀性问题是目前限制微生物岩土技术广泛应用的重要原因之一，其中加固工艺 (注浆方式、注浆压力等) 对微生物加固效果影响显著，目前采用最多的两种方式为混合注浆法 (直接混合菌液和反应液后注入) 和两相分步注浆法 (先注入菌液静置吸附后再注入反应液)，前者易引起注浆管堵塞，后者均匀性依然难以保证。因此，很多学者提出了相应的改良措施，提出了如低温、低 pH 一相注浆法 [120,246]、利用高岭土等黏土颗粒固载微生物加固 [247,248] 等方法，但多数仅局限于室内单元试验，仍需要进一步的现场试验验证。此外，耐久性 (温度影响、干湿循环及盐分与酸腐蚀作用等) 作为影响加固土长期使用的重要指标，该方面研究较为缺失，有待进一步加强研究。

最后，采取合理可靠的预测、监测和检测手段是微生物岩土技术规模化应用的基础。通过建立综合完整且相互协调的模型，结合机器学习等人工智能手段，实现对微生物固化土的风险预测与参数优化，可以有效降低时间与技术成本。采取有效的原位地球物理勘探方法，如通过探测剪切波波速变化监测土体剪切模量与饱和度变化，利用示踪法检测渗漏修复情况，进而实现对工程过程与结果的质量评估。此外，针对目前现有的研究资料建立微生物岩土技术的标准化数据库，制定规范手册，给出合理的推荐参数，以推动微生物矿化在岩土工程领域的标准化和规模化应用。

随着微生物矿化技术的高速发展，人们根据其胶结固化原理和所具备的优良特性，将其视为可持续发展的岩土体处理新技术，尽管离系统化的工程应用还有距离，但微生物岩土技术已不再局限于室内实验，越来越多的研究者逐步将其应用于实际工程中，以促进其进一步的推广与应用。

参 考 文 献

[1] Lay JJ, Lee YJ, Noike T. Feasibility of biological hydrogen production from organic fraction of municipal solid waste[J]. Water Res, 1999, 33(11): 2579-2586.

[2] Ng CWW, So PS, Coo JL, et al. Effects of biofilm on gas permeability of unsaturated sand[J]. Geotechnique, 2019, 69(10): 917-923.

[3] Ramdas VM, Mandree P, Mgangira M, et al. Review of current and future bio-based stabilisation products (enzymatic and polymeric) for road construction materials[J]. Transportation Geotechnics, 2021, 27: 100458.

[4] Proto CJ, DeJong JT, Nelson DC. Biomediated permeability reduction of saturated sands[J]. Journal of Geotechnical and Geoenvironmental Engineering, 2016, 142(12): 04016073.

[5] Chang I, Im J, Prasidhi AK, et al. Effects of xanthan gum biopolymer on soil strengthening[J]. Constr Build Mater, 2015, 74: 65-72.

[6] Chen R, Lee I, Zhang L. Biopolymer stabilization of mine tailings for dust control[J]. Journal of Geotechnical and Geoenvironmental Engineering, 2015, 141(2): 04014100.

[7] KangdaWang, JianChu, ShifanWu, et al. Behaviour of loose sand treated using bio-gelation method[J]. Géotechnique, 2022, DOI: 10.1680/jgeot.21.00174.

[8] Chen R, Ramey D, Weiland E, et al. Experimental investigation on biopolymer strengthening of mine tailings[J]. Journal of Geotechnical and Geoenvironmental Engineering, 2016, 142(12): 06016017.

[9] Pal A, Majumder K, Bandyopadhyay A. Surfactant mediated synthesis of poly(acrylic acid) grafted xanthan gum and its efficient role in adsorption of soluble inorganic mercury from water[J]. Carbohydr Polym, 2016, 152: 41-50.

[10] Ham S-M, Chang I, Noh D-H, et al. Improvement of surface erosion resistance of sand by microbial biopolymer formation[J]. Journal of Geotechnical and Geoenvironmental Engineering, 2018, 144(7): 06018004.

[11] Boquet E, Boronat A, Ramos-Cormenzana A. Production of calcite (calcium carbonate) crystals by soil bacteria is a general phenomenon[J]. Nature, 1973, 246(5434): 527-529.

[12] 阎葆瑞, 张锡根. 微生物成矿学 [M]. 北京: 科学出版社, 2000.

[13] Whiffin VS. Microbial CaCo₃ Precipitation for the Production of Biocement[D]. Morduch University, 2004.

[14] Anbu P, Kang C-H, Shin Y-J, et al. Formations of calcium carbonate minerals by bacteria and its multiple applications[J]. Springerplus, 2016, 5(1): 250.

[15] Seifan M, Berenjian A. Microbially induced calcium carbonate precipitation: A widespread phenomenon in the biological world[J]. Applied Microbiology and Biotech-

nology, 2019, 103(12): 4693-4708.

[16] van Paassen LA, Ghose R, van der Linden TJM, et al. Quantifying biomediated ground improvement by ureolysis: Large-scale biogrout experiment[J]. Journal of Geotechnical and Geoenvironmental Engineering, 2010, 136(12): 1721-1728.

[17] Al Qabany A, Soga K. Effect of chemical treatment used in micp on engineering properties of cemented soils[J]. Géotechnique, 2013, 63(4): 331-339.

[18] Cheng L, Cord-Ruwisch R, Shahin MA. Cementation of sand soil by microbially induced calcite precipitation at various degrees of saturation[J]. Canadian Geotechnical Journal, 2013, 50(1): 81-90.

[19] Al-Thawadi SM. High strength in-situ biocementation of soil by calcite precipitating locally isolated ureolytic bacteria[D]. Murdoch University, 2008.

[20] Yang Z, Cheng XH. A performance study of high-strength microbial mortar produced by low pressure grouting for the reinforcement of deteriorated masonry structures[J]. Constr Build Mater, 2013, 41: 505-515.

[21] Dejong JT, Soga K, Kavazanjian E, et al. Biogeochemical processes and geotechnical applications: Progress, opportunities and challenges[J]. Geotechnique, 2013, 63(4): 287-301.

[22] He J, Chu J. Undrained responses of microbially desaturated sand under monotonic loading[J]. Journal of Geotechnical and Geoenvironmental Engineering, 2014, 140(5): 04014003.

[23] Guo N, Ma XF, Ren SJ, et al. Mechanisms of metabolic performance enhancement during electrically assisted anaerobic treatment of chloramphenicol wastewater[J]. Water Res, 2019, 156: 199-207.

[24] O'Donnell ST, Rittmann BE, Kavazanjian E, Jr. MIDP: Liquefaction mitigation via microbial denitrification as a two-stage process. I: Desaturation[J]. Journal of Geotechnical and Geoenvironmental Engineering, 2017, 143(12): 04017094.

[25] Ersan YC, de Belie N, Boon N. Microbially induced $CaCO_3$ precipitation through denitrification: An optimization study in minimal nutrient environment[J]. Biochem Eng J, 2015, 101: 108-118.

[26] Kovacs E, Wirth R, Maroti G, et al. Augmented biogas production from protein-rich substrates and associated metagenomic changes[J]. Bioresource Technology, 2015, 178: 254-261.

[27] Wang K, Chu J, Wu S, et al. Stress–strain behaviour of bio-desaturated sand under undrained monotonic and cyclic loading[J]. Géotechnique, 2021, 71(6): 521-533.

[28] Al Qabany A, Soga K, Santamarina C. Factors affecting efficiency of microbially induced calcite precipitation[J]. Journal of Geotechnical and Geoenvironmental Engineering, 2012, 138(8): 992-1001.

[29] Xiao Y, He X, Evans TM, et al. Unconfined compressive and splitting tensile strength of basalt fiber–reinforced biocemented sand[J]. Journal of Geotechnical and Geoenvironmental Engineering, 2019, 145(9): 04019048.

[30] Xiao Y, Wang Y, Desai CS, et al. Strength and deformation responses of biocemented sands using a temperature-controlled method[J]. International Journal of Geomechanics, 2019, 19(11): 04019120.

[31] Soon NW, Lee LM, Khun TC, et al. Factors affecting improvement in engineering properties of residual soil through microbial-induced calcite precipitation[J]. Journal of Geotechnical and Geoenvironmental Engineering, 2014, 140(5): 04014006.

[32] Jiang N-J, Yoshioka H, Yamamoto K, et al. Ureolytic activities of a urease-producing bacterium and purified urease enzyme in the anoxic condition: Implication for sub-seafloor sand production control by microbially induced carbonate precipitation (micp)[J]. Ecological Engineering, 2016, 90: 96-104.

[33] Helmi FM, Elmitwalli HR, Elnagdy SM, et al. Biomineralization consolidation of fresco wall paintings samples by bacillus sphaericus[J]. Geomicrobiology Journal, 2016, 33(7): 625-629.

[34] Wang J, Jonkers HM, Boon N, et al. Bacillus sphaericus lmg 22257 is physiologically suitable for self-healing concrete[J]. Applied Microbiology and Biotechnology, 2017, 101(12): 5101-5114.

[35] Hu YY, Liu WT, Wang WJ, et al. Biomineralization performance of bacillus sphaericus under the action of bacillus mucilaginosus[J]. Advances in Materials Science and Engineering, 2020, 2020: 6483803.

[36] van Paassen LA, Daza CM, Staal M, et al. Potential soil reinforcement by biological denitrification[J]. Ecological Engineering, 2010, 36(2): 168-175.

[37] Ersan YC, Da Silva FB, Boon N, et al. Screening of bacteria and concrete compatible protection materials[J]. Constr Build Mater, 2015, 88: 196-203.

[38] Verhagen P, De Gelder L, Hoefman S, et al. Planktonic versus biofilm catabolic communities: Importance of the biofilm for species selection and pesticide degradation[J]. Applied and Environmental Microbiology, 2011, 77(14): 4728-4735.

[39] Yu X, Qian C, Jiang J. Desert sand cemented by bio-magnesium ammonium phosphate cement and its microscopic properties[J]. Constr Build Mater, 2019, 200: 116-123.

[40] Yu XN, Jiang JG, Liu JW, et al. Review on potential uses, cementing process, mechanism and syntheses of phosphate cementitious materials by the microbial mineralization method[J]. Constr Build Mater, 2021, 273: 121113.

[41] DeJong JT, Fritzges MB, Nüsslein K. Microbially induced cementation to control sand response to undrained shear[J]. Journal of Geotechnical and Geoenvironmental Engineering, 2006, 132(11): 1381-1392.

[42] Chou C-W, Seagren EA, Aydilek AH, et al. Biocalcification of sand through ureolysis[J]. Journal of Geotechnical and Geoenvironmental Engineering, 2011, 137(12): 1179-1189.

[43] Li M, Li L, Ogbonnaya U, et al. Influence of fiber addition on mechanical properties of micp-treated sand[J]. Journal of Materials in Civil Engineering, 2016, 28(4): 10.

[44] Montoya BM, DeJong JT. Stress-strain behavior of sands cemented by microbially induced calcite precipitation[J]. Journal of Geotechnical and Geoenvironmental Engineer-

ing, 2015, 141(6): 04015019.

[45] Cui M-J, Zheng J-J, Zhang R-J, et al. Influence of cementation level on the strength behaviour of bio-cemented sand[J]. Acta Geotechnica, 2017, 12(5): 971-986.

[46] Lin H, Suleiman MT, Brown DG, et al. Mechanical behavior of sands treated by microbially induced carbonate precipitation[J]. Journal of Geotechnical and Geoenvironmental Engineering, 2016, 142(2): 04015066.

[47] Feng K, Montoya BM. Influence of confinement and cementation level on the behavior of microbial-induced calcite precipitated sands under monotonic drained loading[J]. Journal of Geotechnical and Geoenvironmental Engineering, 2016, 142(1): 04015057.

[48] Martinez BC, DeJong JT, Ginn TR, et al. Experimental optimization of microbial-induced carbonate precipitation for soil improvement[J]. Journal of Geotechnical and Geoenvironmental Engineering, 2013, 139(4): 587-598.

[49] Safavizadeh S, Montoya BM, Gabr MA. Microbial induced calcium carbonate precipitation in coal ash[J]. Géotechnique, 2019, 69(8): 727-740.

[50] Lee ML, Ng WS, Tanaka Y. Stress-deformation and compressibility responses of bio-mediated residual soils[J]. Ecological Engineering, 2013, 60: 142-149.

[51] Xiao Y, Zhao C, Sun Y, et al. Compression behavior of micp-treated sand with various gradations[J]. Acta Geotechnica, 2020, 16(5): 1391-1400.

[52] Feng K, Montoya BM. Behavior of bio-mediated soil in k0 loading[J]. In New Frontiers in Geotechnical Engineering, 2014, (243): 1-10.

[53] DeJong JT, Mortensen BM, Martinez BC, et al. Bio-mediated soil improvement[J]. Ecol Eng, 2010, 36(2): 197-210.

[54] Whiffin VS, van Paassen LA, Harkes MP. Microbial carbonate precipitation as a soil improvement technique[J]. Geomicrobiology Journal, 2007, 24(5): 417-423.

[55] Paassen Lv. Biogrout ground improvement by microbially induced carbonate precipitation[D]. Delft University of Technology, 2009.

[56] Chu J, Ivanov V, Stabnikov V, et al. Microbial method for construction of an aquaculture pond in sand[J]. Geotechnique, 2013, 63(10): 871-875.

[57] Cheng L, Yang Y, Chu J. *In-situ* microbially induced Ca^{2+}-alginate polymeric sealant for seepage control in porous materials[J]. Microbial Biotechnology, 2019, 12(2): 324-333.

[58] Star WRLvd, Rossum WKvW-v, Paassen LAv, et al. Stabilization of gravel deposits using microorganisms[C]//Proceedings of the 15th European Conference on Soil Mechanics and Geotechnical Engineering, 2011: 85-90.

[59] 刘汉龙, 马国梁, 肖杨, 等. 微生物加固岛礁地基现场试验研究 [J]. 地基处理, 2019, 1(1): 26-31.

[60] van Paassen LA, Harkes MP, van Zwieten GA, et al. Scale up of biogrout: A biological ground reinforcement method[C]//Proceedings of the 17th International Conference on Soil Mechanics and Geotechnical Engineering, 2009: 2328-2333.

[61] Burbank MB, Weaver TJ, Green TL, et al. Precipitation of calcite by indigenous

microorganisms to strengthen liquefiable soils[J]. Geomicrobiology Journal, 2011, 28(4): 301-312.

[62] Burbank M, Weaver T, Lewis R, et al. Geotechnical tests of sands following bioinduced calcite precipitation catalyzed by indigenous bacteria[J]. Journal of Geotechnical and Geoenvironmental Engineering, 2013, 139(6): 928-936.

[63] Montoya BM, DeJong JT, Boulanger RW. Dynamic response of liquefiable sand improved by microbial-induced calcite precipitation[J]. Géotechnique, 2013, 63(4): 302-312.

[64] 程晓辉, 麻强, 杨钻, 等. 微生物灌浆加固液化砂土地基的动力反应研究 [J]. 岩土工程学报, 2013, 35(08): 1486-1495.

[65] Sasaki T, Kuwano R. Undrained cyclic triaxial testing on sand with non-plastic fines content cemented with microbially induced $CaCO_3$[J]. Soils and Foundations, 2016, 56(3): 485-495.

[66] Feng K, Montoya BM. Quantifying level of microbial-induced cementation for cyclically loaded sand[J]. Journal of Geotechnical and Geoenvironmental Engineering, 2017, 143(6): 06017005.

[67] 刘汉龙, 肖鹏, 肖杨, 等. MICP 胶结钙质砂动力特性试验研究 [J]. 岩土工程学报, 2018, 40(1): 38-45.

[68] 刘汉龙, 张宇, 郭伟, 等. 微生物加固钙质砂动孔压模型研究 [J]. 岩石力学与工程学报, 2021, 40(04): 790-801.

[69] Xiao P, Liu HL, Xiao Y, et al. Liquefaction resistance of bio-cemented calcareous sand[J]. Soil Dyn Earthq Eng, 2018, 107: 9-19.

[70] Xiao P, Liu H, Stuedlein AW, et al. Effect of relative density and bio-cementation on the cyclic response of calcareous sand[J]. Canadian Geotechnical Journal, 2019, 56(12): 1849-1862.

[71] Ferris FG, Stehmeirt LG, Kantzas A, et al. Bacteriogenic mineral plugging[J]. Journal of Canadian Petroleum Technology, 1996, 35(08): 56-61.

[72] Cuthbert MO, McMillan LA, Handley-Sidhu S, et al. A field and modeling study of fractured rock permeability reduction using microbially induced calcite precipitation[J]. Environ Sci Technol, 2013, 47(23): 13637-13643.

[73] Phillips AJ, Cunningham AB, Gerlach R, et al. Fracture sealing with microbially-induced calcium carbonate precipitation: A field study[J]. Environ Sci Technol, 2016, 50(7): 4111-4117.

[74] Gomez MG, Martinez BC, DeJong JT, et al. Field-scale bio-cementation tests to improve sands[J]. Proceedings of the Institution of Civil Engineers—Ground Improvement, 2015, 168(3): 206-216.

[75] Fattahi Seyed M, Soroush A, Huang N. Biocementation control of sand against wind erosion[J]. Journal of Geotechnical and Geoenvironmental Engineering, 2020, 146(6): 04020045.

[76] Chen F, Deng C, Song W, et al. Biostabilization of desert sands using bacterially

induced calcite precipitation[J]. Geomicrobiology Journal, 2016, 33(3-4): 243-249.

[77] Maleki M, Ebrahimi S, Asadzadeh F, et al. Performance of microbial-induced carbonate precipitation on wind erosion control of sandy soil[J]. International Journal of Environmental Science and Technology, 2016, 13(3): 937-944.

[78] 李驰, 刘世慧, 周团结, 等. 微生物矿化风沙土强度及孔隙特性的试验研究 [J]. 力学与实践, 2017, 39(02): 165-171, 184.

[79] 李驰, 王燕星, 周团结, 等. 微生物诱导矿化材料的耐腐蚀性能试验研究 [J]. 内蒙古工业大学学报 (自然科学版), 2016, 35(03): 223-229.

[80] Li C, Wang S, Wang Y-X, et al. Field experimental study on stability of bio-mineralization crust in the desert[J]. Rock and Soil Mechanics, 2019, 40(4): 1291-1298.

[81] Naeimi M, Chu J. Comparison of conventional and bio-treated methods as dust suppressants[J]. Environmental Science and Pollution Research, 2017, 24(29): 23341-23350.

[82] Jiang NJ, Soga K, Kuo M. Microbially induced carbonate precipitation for seepage-induced internal erosion control in sand-clay mixtures[J]. Journal of Geotechnical and Geoenvironmental Engineering, 2017, 143(3): 04016100.

[83] Jiang NJ, Soga K. The applicability of microbially induced calcite precipitation (micp) for internal erosion control in gravel-sand mixtures[J]. Geotechnique, 2017, 67(1): 42-55.

[84] 刘璐, 沈扬, 刘汉龙, 等. 微生物胶结在防治堤坝破坏中的应用研究 [J]. 岩土力学, 2016, 37(12): 3410-3416.

[85] Clarà Saracho A, Haigh SK, Ehsan Jorat M. Flume study on the effects of microbial induced calcium carbonate precipitation (MICP) on the erosional behaviour of fine sand[J]. Géotechnique, 2021, 71(12): 1135-1149.

[86] Ramachandran SK, Ramakrishnan V, Bang SS. Remediation of concrete using microorganisms[J]. ACI Mater J, 2001, 98(1): 3-9.

[87] De Muynck W, Cox K, De Belle N, et al. Bacterial carbonate precipitation as an alternative surface treatment for concrete[J]. Constr Build Mater, 2008, 22(5): 875-885.

[88] 王瑞兴, 钱春香. 微生物沉积碳酸钙修复水泥基材料表面缺陷 [J]. 硅酸盐学报, 2008, (04): 457-464.

[89] 王瑞兴, 钱春香, 王剑云, 等. 水泥石表面微生物沉积碳酸钙覆膜的不同工艺 [J]. 硅酸盐学报, 2008, (10): 1378-1384.

[90] Bang SS, Galinat JK, Ramakrishnan V. Calcite precipitation induced by polyurethane-immobilized bacillus pasteurii[J]. Enzyme & Microbial Technology, 2001, 28(4-5): 404-409.

[91] 钱春香, 李瑞阳, 潘庆峰, 等. 混凝土裂缝的微生物自修复效果 [J]. 东南大学学报 (自然科学版), 2013, 43(02): 360-364.

[92] 钱春香, 王欣, 於孝牛. 微生物水泥研究与应用进展 [J]. 材料工程, 2015, 43(08): 92-103.

[93] 钱春香, 冯建航, 苏依林. 微生物诱导碳酸钙提高水泥基材料的早期力学性能及自修复效果 [J]. 材料导报, 2019, 33(12): 1983-1988.

[94] 李沛豪, 屈文俊. 生物修复加固石质文物研究进展 [J]. 材料导报, 2008, 22(22): 73-77.

[95] 竹文坤, 罗学刚. 碳酸盐矿化菌诱导碳酸钙沉淀条件的优化 [J]. 非金属矿, 2012, 35(03): 1-4, 8.

[96] Fujita Y, Taylor JL, Wendt LM, et al. Evaluating the potential of native ureolytic microbes to remediate a sr-90 contaminated environment[J]. Environ Sci Technol, 2010, 44(19): 7652-7658.

[97] Achal V, Pan X, Fu Q, et al. Biomineralization based remediation of as(iii) contaminated soil by sporosarcina ginsengisoli[J]. Journal of Hazardous Materials, 2012, 201-202(Supplement C): 178-184.

[98] Achal V, Pan X, Zhang D. Bioremediation of strontium (sr) contaminated aquifer quartz sand based on carbonate precipitation induced by sr resistant halomonas sp[J]. Chemosphere, 2012, 89(6): 764-768.

[99] Achal V, Pan X, Zhang D, et al. Bioremediation of pb-contaminated soil based on microbially induced calcite precipitation[J]. Journal of Microbiology and Biotechnology, 2012, 22(2): 244-247.

[100] Achal V, Pan X, Lee D-J, et al. Remediation of cr(vi) from chromium slag by biocementation[J]. Chemosphere, 2013, 93(7): 1352-1358.

[101] Li M, Cheng X, Guo H. Heavy metal removal by biomineralization of urease producing bacteria isolated from soil[J]. International Biodeterioration & Biodegradation, 2013, 76: 81-85.

[102] Zhu X, Kumari D, Huang M, et al. Biosynthesis of cds nanoparticles through microbial induced calcite precipitation[J]. Materials & Design, 2016, 98: 209-214.

[103] Fang LY, Niu QJ, Cheng L, et al. Ca-mediated alleviation of Cd2+ induced toxicity and improved Cd2+ biomineralization by sporosarcina pasteurii[J]. Sci Total Environ, 2021, 787: 9.

[104] Mitchell JK, Santamarina JC. Biological considerations in geotechnical engineering[J]. Journal of Geotechnical and Geoenvironmental Engineering, 2005, 131(10): 1222-1233.

[105] Mujah D, Shahin MA, Cheng L. State-of-the-art review of biocementation by microbially induced calcite precipitation (MICP) for soil stabilization[J]. Geomicrobiology Journal, 2016, 34(6): 524-537.

[106] DeJong JT, Soga K, Kavazanjian E, et al. Biogeochemical processes and geotechnical applications: Progress, opportunities and challenges[J]. Géotechnique, 2013, 63(4): 287-301.

[107] 何稼, 楚剑, 刘汉龙, 等. 微生物岩土技术的研究进展 [J]. 岩土工程学报, 2016, 38(04): 643-653.

[108] Yoon JH, Lee KC, Weiss N, et al. Sporosarcina aquimarina sp. nov., a bacterium isolated from seawater in Korea, and transfer of Bacillus globisporus (Larkin and Stokes 1967), Bacillus psychrophilus (Nakamura 1984) and Bacillus pasteurii (Chester 1898) to the genus Sporosarcina as Sporosarcina globispora comb. nov., Sporosarcina psychrophila comb. nov. and Sporosarcina pasteurii comb. nov., and emended description of the genus Sporosarcina[J]. International Journal of Systematic and Evolutionary Mi-

crobiology, 2001, 51(3): 1079-1086.

[109] 王茂林, 吴世军, 杨永强, 等. 微生物诱导碳酸盐沉淀及其在固定重金属领域的应用进展 [J]. 环境科学研究, 2018, 31(02): 206-214.

[110] 肖鹏. 微生物温控加固钙质砂动力与液化特性研究 [D]. 重庆大学学位论文, 2020.

[111] Whiffin VS. Microbial CaCO₃ Precipitation for the Production of Biocement[D]. Morduch University, 2004.

[112] Wang L, Jiang X, He X, et al. Crackling noise and bio-cementation[J]. Engineering Fracture Mechanics, 2021, 247: 107675.

[113] De Muynck W, De Belie N, Verstraete W. Microbial carbonate precipitation in construction materials: A review[J]. Ecological Engineering, 2010, 36(2): 118-136.

[114] Stocks-Fischer S, Galinat JK, Bang SS. Microbiological precipitation of CaCO₃[J]. Soil Biology & Biochemistry, 1999, 31(11): 1563-1571.

[115] Zhang W, Ju Y, Zong Y, et al. In situ real-time study on dynamics of microbially induced calcium carbonate precipitation at a single-cell level[J]. Environ Sci Technol, 2018, 52(16): 9266-9276.

[116] Ferris F, Fyfe W, Beveridge TJCG. Bacteria as nucleation sites for authigenic minerals in a metal-contaminated lake sediment[J]. Chemical Geology, 1987, 63(3-4): 225-232.

[117] Hammes F, Boon N, Clement G, et al. Molecular, biochemical and ecological characterisation of a bio-catalytic calcification reactor[J]. 2003, 62(2): 191-201.

[118] Qian C, Pan Q, Wang R. Cementation of sand grains based on carbonate precipitation induced by microorganism[J]. Science China Technological Sciences, 2010, 53(8): 2198-2206.

[119] Cheng L, Shahin MA. Urease active bioslurry: A novel soil improvement approach based on microbially induced carbonate precipitation[J]. Canadian Geotechnical Journal, 2016, 53(9): 1376-1385.

[120] Cheng L, Shahin MA, Chu J. Soil bio-cementation using a new one-phase low-ph injection method[J]. Acta Geotechnica, 2019, 14(3): 615-626.

[121] Bachmeier KL, Williams AE, Warmington JR, et al. Urease activity in microbiologically-induced calcite precipitation[J]. Journal of Biotechnology, 2002, 93(2): 171-181.

[122] Cacchio P, Ercole C, Cappuccio G, et al. Calcium carbonate precipitation by bacterial strains isolated from a limestone cave and from a loamy soil[J]. Geomicrobiology Journal, 2003, 20(2): 85-98.

[123] Rebata-Landa V. Microbial Activity in Sediments Effects on Soil Behavior[D]. Georgia Institute of Technology, 2007.

[124] Okwadha GDO, Li J. Optimum conditions for microbial carbonate precipitation[J]. Chemosphere, 2010, 81(9): 1143-1148.

[125] 王瑞兴. 碳酸盐矿化菌研究 [D]. 东南大学学位论文, 2005.

[126] 成亮, 钱春香, 王瑞兴, 等. 碳酸岩矿化菌诱导碳酸钙晶体形成机理研究 [J]. 化学学报, 2007, (19): 2133-2138.

[127] 钱春香, 王剑云, 王瑞兴, 等. 微生物沉积方解石的产率 [J]. 硅酸盐学报, 2006, (05): 618-621.

[128] 黄琰, 罗学刚, 杜菲. 微生物诱导方解石沉积加固的影响因素 [J]. 西南科技大学学报, 2009, 24(03): 87-93.

[129] Mortensen BM, Haber MJ, DeJong JT, et al. Effects of environmental factors on microbial induced calcium carbonate precipitation[J]. Journal of Applied Microbiology, 2011, 111(2): 338-349.

[130] Al Qabany A, Soga K. Effect of chemical treatment used in micp on engineering properties of cemented soils[J]. Géotechnique, 2013, 63(4): 331.

[131] Cheng L, Shahin M, A., Mujah D. Influence of key environmental conditions on microbially induced cementation for soil stabilization[J]. Journal of Geotechnical and Geoenvironmental Engineering, 2017, 143(1): 04016083.

[132] Cheng L, Shahin MA, Cord-Ruwisch R. Bio-cementation of sandy soil using microbially induced carbonate precipitation for marine environments[J]. Géotechnique, 2014, 64(12): 1010-1013.

[133] Rong H, Qian C, Li L. Influence of magnesium additive on mechanical properties of microbe cementitious materials[J]. Materials Science Forum, 2013, 275-279.

[134] 荣辉, 钱春香, 李龙志. 镁添加剂对微生物水泥基材料力学性能的影响 [J]. 硅酸盐学报, 2012, 40(11): 1564-1569.

[135] Zhao Q, Li L, Li C, et al. Factors affecting improvement of engineering properties of micp-treated soil catalyzed by bacteria and urease[J]. Journal of Materials in Civil Engineering, 2014, 26(12): 04014094.

[136] 赵茜. 微生物诱导碳酸钙沉淀 (MICP) 固化土壤实验研究 [D]. 中国地质大学 (北京) 学位论文, 2014.

[137] 李捷, 方祥位, 张伟, 等. 菌液脲酶活性对珊瑚砂微生物固化效果的影响 [J]. 后勤工程学院学报, 2016, 32(06): 88-91,96.

[138] 李洋洋, 方祥位, 欧益希, 等. 底物溶液配比对微生物固化珊瑚砂的影响研究 [J]. 水利与建筑工程学报, 2017, 15(06): 52-56.

[139] 欧益希, 方祥位, 张楠, 等. 溶液盐度对微生物固化珊瑚砂的影响 [J]. 后勤工程学院学报, 2016, 32(01): 78-82.

[140] 王绪民, 郭伟, 余飞, 等. 营养盐浓度对胶结砂试样物理力学特性试验研究 [J]. 岩土力学, 2016, 37(S2): 363-368, 374.

[141] 彭劼, 冯清鹏, 孙益成. 温度对微生物诱导碳酸钙沉积加固砂土的影响研究 [J]. 岩土工程学报, 2018, 40(06): 1048-1055.

[142] 彭劼, 何想, 刘志明, 等. 低温条件下微生物诱导碳酸钙沉积加固土体的试验研究 [J]. 岩土工程学报, 2016, 38(10): 1769-1774.

[143] Abo-El-Enein S, Ali A, Talkhan F, et al. Utilization of microbial induced calcite precipitation for sand consolidation and mortar crack remediation[J]. HBRC Journal, 2012, 8(3): 185-192.

[144] Achal V, Pan X. Influence of calcium sources on microbially induced calcium carbon-

ate precipitation by bacillus sp cr2[J]. Applied Biochemistry and Biotechnology, 2014, 173(1): 307-317.

[145]   Zhang Y, Guo HX, Cheng XH. Role of calcium sources in the strength and microstructure of microbial mortar[J]. Constr Build Mater, 2015, 77: 160-167.

[146]   Choi S-G, Wu S, Chu J. Biocementation for sand using an eggshell as calcium source[J]. Journal of Geotechnical and Geoenvironmental Engineering, 2016, 142(10): 06016010.

[147]   Liu L, Liu H, Xiao Y, et al. Biocementation of calcareous sand using soluble calcium derived from calcareous sand[J]. Bulletin of Engineering Geology and the Environment, 2018, 77(4): 1781-1791.

[148]   Kaur G, Dhami NK, Goyal S, et al. Utilization of carbon dioxide as an alternative to urea in biocementation[J]. Constr Build Mater, 2016, 123: 527-533.

[149]   Sham E, Mantle MD, Mitchell J, et al. Monitoring bacterially induced calcite precipitation in porous media using magnetic resonance imaging and flow measurements[J]. Journal of Contaminant Hydrology, 2013, 152: 35-43.

[150]   Rong H, Qian C. Microstructure evolution of sandstone cemented by microbe cement using X-ray computed tomography[J]. Journal of Wuhan University of Technology— Materials Science Edition, 2013, 28(6): 1134-1139.

[151]   Rong H, Qian C-X, Li L-Z. Study on microstructure and properties of sandstone cemented by microbe cement[J]. Constr Build Mater, 2012, 36: 687-694.

[152]   荣辉, 钱春香, 李龙志. 微生物水泥基材料的红外光谱研究 [J]. 功能材料, 2013, 44(23): 3408-3411.

[153]   Terzis D, Laloui L. 3-D micro-architecture and mechanical response of soil cemented via microbial-induced calcite precipitation[J]. Sci Rep, 2018, 8(1): 1416.

[154]   刘璐. MICP 加固钙质砂的力学特性试验研究 [D]. 河海大学学位论文, 2018.

[155]   DeJong JT, Soga K, Banwart SA, et al. Soil engineering in vivo: Harnessing natural biogeochemical systems for sustainable, multi-functional engineering solutions[J]. Journal of the Royal Society Interface, 2011, 8(54): 1-15.

[156]   Chu J, Ivanov V, Naeimi M, et al. Microbial method for construction of an aquaculture pond in sand[J]. Géotechnique, 2013, 63(10): 871-875.

[157]   Lin H, Suleiman M, T., Brown D, G. , et al. Mechanical behavior of sands treated by microbially induced carbonate precipitation[J]. Journal of Geotechnical and Geoenvironmental Engineering, 2016, 142(2): 04015066.

[158]   van Paassen LA. Bio-mediated ground improvement: From laboratory experiment to pilot applications. Secondary Bio-mediated ground improvement: From laboratory experiment to pilot applications[C]//Geo-Frontiers Congress 2011, American Society of Civil Engineers, 2011: 4099-4108.

[159]   Kralj D, Brecevic L, Kontrec J. Vaterite growth and dissolution in aqueous solution .3. Kinetics of transformation[J]. Journal of Crystal Growth, 1997, 177(3-4): 248-257.

[160]   Berner RJGeCA. The role of magnesium in the crystal growth of calcite and aragonite from sea water[J]. Geochimica et Cosmochimica Acta, 1975, 39(4): 489-504.

[161] Van Paassen LA. Biogrout, ground improvement by microbial induced carbonate pre-cipitation[D]. Netherlands: Delft University of Technology, 2009.

[162] Chu J, Ivanov V, Naeimi M, et al. Optimization of calcium-based bioclogging and biocementation of sand[J]. Acta Geotechnica, 2014, 9(2): 277-285.

[163] 方祥位, 申春妮, 楚剑, 等. 微生物沉积碳酸钙固化珊瑚砂的试验研究 [J]. 岩土力学, 2015, 36(10): 2773-2779.

[164] Sharma M, Satyam N. Strength and durability of biocemented sands: Wetting-drying cycles, ageing effects, and liquefaction resistance[J]. Geoderma, 2021, 402: 115359.

[165] Sharma M, Satyam N, Reddy KR. Effect of freeze-thaw cycles on engineering properties of biocemented sand under different treatment conditions[J]. Engineering Geology, 2021, 284: 106022.

[166] Xiao Y, He X, Evans TM, et al. Unconfined compressive and splitting tensile strength of basalt fiber-reinforced biocemented sand[J]. Journal of Geotechnical and Geoenviron-mental Engineering, 2019, 145(9): 04019048.

[167] Liu L, Liu H, Stuedlein AW, et al. Strength, stiffness, and microstructure characteristics of biocemented calcareous sand[J]. Canadian Geotechnical Journal, 2019, 56(10): 1502-1513.

[168] Consoli NC, Cruz RC, Floss MF, et al. Parameters controlling tensile and compressive strength of artificially cemented sand[J]. Journal of Geotechnical and Geoenvironmental Engineering, 2010, 136(5): 759-763.

[169] Choi SG, Wang KJ, Chu J. Properties of biocemented, fiber reinforced sand[J]. Constr Build Mater, 2016, 120: 623-629.

[170] Stabnikov V, Naeimi M, Ivanov V, et al. Formation of water-impermeable crust on sand surface using biocement[J]. Cement and Concrete Research, 2011, 41(11): 1143-1149.

[171] Lin H, Suleiman MT, Brown DG, et al. Mechanical behavior of sands treated by microbially induced carbonate precipitation[J]. Journal of Geotechnical and Geoenvi-ronmental Engineering, 2016, 142(2): 4015066.

[172] Cui MJ, Zheng JJ, Zhang RJ, et al. Influence of cementation level on the strength behaviour of bio-cemented sand[J]. Acta Geotechnica, 2017, 12(5): 971-986.

[173] 张家铭, 张凌, 刘慧, 等. 钙质砂剪切特性试验研究 [J]. 岩石力学与工程学报, 2008, (S1): 3010-3015.

[174] Bishop AW, Eldin G. Undrained triaxial tests on saturated sands and their significance in the general theory of shear strength[J]. Géotechnique, 1950, 2(1): 13-32.

[175] Brandon TL, Rose AT, Duncan JM. Drained and undrained strength interpretation for low-plasticity silts[J]. Journal of Geotechnical and Geoenvironmental Engineering, 2006, 132(2): 250-257.

[176] 中华人民共和国行业标准. SL237—1999 土工试验规程 [S]. 北京: 中国水利水电出版社, 1999.

[177] 刘崇权. 钙质土土力学理论及其工程应用 [D]. 中国科学院岩土力学研究所学位论文, 1999.

[178] 张家铭. 钙质砂基本力学性质及颗粒破碎影响研究 [D]. 中国科学院武汉岩土力学所学位

论文, 2004.

[179] Marri A, Wanatowski D, Yu H. Drained behaviour of cemented sand in high pressure triaxial compression tests[J]. Geomechanics and Geoengineering, 2012, 7(3): 159-174.

[180] Wang YH, Leung SC. Characterization of cemented sand by experimental and numerical investigations[J]. Journal of Geotechnical and Geoenvironmental Engineering, 2008, 134(7): 992-1004.

[181] Asghari E, Toll D, Haeri S. Triaxial behaviour of a cemented gravely sand, tehran alluvium[J]. Geotechnical and Geological Engineering, 2003, 21(1): 1-28.

[182] Haeri SM, Hamidi A, Tabatabaee N. The effect of gypsum cementation on the mechanical behavior of gravely sands[J]. Geotechnical Testing Journal, 2005, 28(4): 380-390.

[183] Consoli NC, Prietto PDM, Ulbrich LA. Influence of fiber and cement addition on behavior of sandy soil[J]. Journal of Geotechnical and Geoenvironmental Engineering, 1998, 124(12): 1211-1214.

[184] 谢定义. 土动力学 [M]. 北京: 高等教育出版社, 2011.

[185] 张家铭, 汪稔, 石祥锋, 等. 侧限条件下钙质砂压缩和破碎特性试验研究 [J]. 岩石力学与工程学报, 2005, 24(18): 3327-3331.

[186] 叶剑红, 曹梦, 李刚. 中国南海吹填岛礁原状钙质砂蠕变特征初探 [J]. 岩石力学与工程学报, 2019, 38(6): 10.

[187] 孙吉主, 汪稔. 钙质砂的颗粒破碎和剪胀特性的围压效应 [J]. 岩石力学与工程学报, 2004, 23(4): 4.

[188] 刘汉龙, 胡鼎, 肖杨, 等. 钙质砂动力液化特性的试验研究 [J]. 防灾减灾工程学报, 2015, 35(6): 6.

[189] Wang XZ, Jiao YY, Wang R, et al. Engineering characteristics of the calcareous sand in Nansha islands, South China Sea[J]. Engineering Geology, 2011, 120(1-4): 40-47.

[190] 张家铭, 张凌, 刘慧, 等. 钙质砂剪切特性试验研究 [J]. 岩石力学与工程学报, 2008, 27(S1): 3010-3010.

[191] Boulanger RW, Hayden RF. Aspects of compaction grouting of liquefiable soil[J]. Journal of Geotechnical Engineering, 1995, 121(12): 844-855.

[192] Ismail MA, Joer HA, Sim WH, et al. Effect of cement type on shear behavior of cemented calcareous soil[J]. Journal of Geotechnical and Geoenvironmental Engineering, 2002, 128(6): 520-529.

[193] Alba JL, Audibert JM. Pile design in calcareous and carbonaceous granular materials, and historic review[C]//Proceedings of the 2nd international conference on engineering for calcareous sediments. Rotterdam: AA Balkema. 1999, 1: 29-44.

[194] Salehzadeh H, Hassanlourad M, Shahnazari H. Shear behavior of chemically grouted carbonate sands[J]. International Journal of Geotechnical Engineering, 2012, 6(4): 445-454.

[195] Stuedlein AW, Gianella TN, Canivan G. Densification of granular soils using conventional and drained timber displacement piles[J]. Journal of Geotechnical and Geoenvironmental Engineering, 2016, 142(12): 04016075.

[196] Gianella, Tygh, N., et al. Performance of driven displacement pile-improved ground in controlled blasting field tests[J]. Journal of geotechnical and geoenvironmental engineering, 2017, 143(9): 04017047.

[197] 刘汉龙, 肖鹏, 肖杨, et al. MICP 胶结钙质砂动力特性试验研究 [J]. 岩土工程学报, 2018, 40(1): 8.

[198] Xiao, Peng, Liu, et al. Liquefaction resistance of bio-cemented calcareous sand[J]. Soil Dynamics & Earthquake Engineering, 2018, 107: 9-19.

[199] Zhang X, Chen Y, Liu H, et al. Performance evaluation of a MICP-treated calcareous sandy foundation using shake table tests[J]. Soil Dyn Earthq Eng, 2020, 129: 105959.

[200] Díaz-Rodríguez Ja, Antonio-Izarraras VM, Bandini P, et al. Cyclic strength of a natural liquefiable sand stabilized with colloidal silica grout[J]. Can Geotech J, 2008, 45: 1345-1355.

[201] 刘汉龙, 肖鹏, 楚剑, 肖杨, 刘璐, 丁选明. 一种基于低强度微生物钙质砂三轴试样制样装置的试验方法 [P]. 重庆市：CN106644625b, 2019-10-11.

[202] Seed HB, Martin PP, Lysmer J. Pore-water pressure changes during soil liquefaction[J]. J Geotech Geoenviron Eng, 1976, 102(GT4): 327-346.

[203] Booker J, Rahman M, Seed H. A computer program for the analysis of pore pressure generation and dissipation during cyclic or earthquake loading[R]. Berkeley: Earthquake Engineering Center, University of California, 1976.

[204] Liam Finn W, Lee KW, Martin G. An effective stress model for liquefaction[J]. Journal of the Geotechnical Engineering Division, American Society of Civil Engineers, 1977, 103(6): 517-533.

[205] 张建民, 谢定义. 饱和砂土振动孔隙水压力增长的实用算法 [J]. 水利学报, 1991, (08): 45-51.

[206] 陈国兴, 刘雪珠. 南京粉质黏土与粉砂互层土及粉细砂的振动孔压发展规律研究 [J]. 岩土工程学报, 2004, 26(1): 79-82.

[207] Porcino D, Marcianò V, Granata R. Cyclic liquefaction behaviour of a moderately cemented grouted sand under repeated loading[J]. Soil Dyn Earthq Eng, 2015, 79: 36-46.

[208] Mao X, Fahey M, Randolph M. Pore pressure generation in cyclic simple shear tests on calcareous sediments[C]//Pore pressure generation in cyclic simple shear tests on calcareous sediments. CRC Press/Balkema, 2000: 371-381.

[209] 吴世明. 土动力学 [M]. 北京: 中国建筑工业出版社, 1984.

[210] 汪闻韶. 土的动力强度和液化特性 [M]. 北京: 中国电力出版社, 1997.

[211] Vahdani S, Pyke R, Siriprusanen U. Liquefaction of calcareous sands and lateral spreading experienced in guam as a result of the 1993 guam earthquake. Secondary Liquefaction of Calcareous Sands and Lateral Spreading Experienced in Guam as a Result of the 1993 Guam Earthquake[R]. Technical Report Nceer, 1994: 117-123.

[212] 胡进军, 郝彦春, 谢礼立. 潜在地震对我国南海开发和建设影响的初步考虑 [J]. 地震工程学报, 2014, 36(003): 616-621.

[213] Schwiderski EW. On charting global ocean tides[J]. Rev Geophys, 1980, 18(18): 243-268.

[214] Singh SC, Carton H, Tapponnier P, et al. Seismic evidence for broken oceanic crust in the 2004 sumatra earthquake epicentral region[J]. Nat Geosci 2008, 1(11): 777-781.

[215] Salehzadeh H, Procter DC, Merrifield CM. Medium dense non-cemented carbonate sand under reversed cyclic loading[J]. International Journal of Civil Engineering, 2006, 4(1): 54-63.

[216] Wang XZ, Jiao YY, Wang R, et al. Engineering characteristics of the calcareous sand in Nansha islands, South China Sea[J]. Eng Geol, 2011, 120: 40-47.

[217] Liu HL, Deng A, Jian C. Effect of different mixing ratios of polystyrene pre-puff beads and cement on the mechanical behaviour of lightweight fill[J]. Geotextiles & Geomembranes, 2006, 24(6): 331-338.

[218] Dejong JT, Fritzges MB, Nüsslein K. Microbially induced cementation to control sand response to undrained shear[J]. Journal of Geotechnical and Geoenvironmental Engineering, 2006, 132(11): 1381-1392.

[219] Consoli NC, Foppa D, Festugato L, et al. Key parameters for strength control of artificially cemented soils[J]. Journal of Geotechnical and Geoenvironmental Engineering, 2007, 133(2): 197-205.

[220] 方祥位, 申春妮, 楚剑, 等. 微生物沉积碳酸钙固化珊瑚砂的试验研究 [J]. 岩土力学, 2015, 36(10): 7.

[221] Khan M, Amarakoon G, Shimazaki S, et al. Coral sand solidification test based on microbially induced carbonate precipitation using ureolytic bacteria[J]. Materials Transactions, 2015, 56(10): 1725-1732.

[222] Liu L, Liu HL, Stuedlein A, et al. Strength, stiffness, and microstructure characteristics of biocemented calcareous sand[J]. Canadian Geotechnical Journal, 2019, 56(10): 1502-1513.

[223] 李勇军, 王英红. 地震作用下土的液化机理及其表现形式 [J]. 辽宁工业大学学报 (自然科学版), 2006, 26(6): 383-385.

[224] Xiao P, Liu H, Xiao Y, et al. Liquefaction resistance of bio-cemented calcareous sand[J]. Soil Dynamics & Earthquake Engineering, 2018, 107: 9-19.

[225] Irdiss IM. An update of the Seed-Idriss simplified procedure for evaluating liquefaction potential[C]//Proceedings of TRB Workshop on New Approaches to Liquefaction. Federal Highway Administation, Washington DC, 1999.

[226] Porcino D, Marcianò V, Granata R. Undrained cyclic response of a silicate-grouted sand for liquefaction mitigation purposes[J]. Geomechanics and Geoengineering, 2011, 6: 155-170.

[227] Feng K, Montoya BM. Influence of confinement and cementation level on the behavior of microbial-induced calcite precipitated sands under monotonic drained loading[J]. Journal of Geotechnical and Geoenvironmental Engineering, 2016, 142(1): 04015057.

[228] Liu L, Liu HL, Stuedlein AW, et al. Strength, stiffness, and microstructure character-

istics of biocemented calcareous sand[J]. Canadian Geotechnical Journal, 2019, 56(10): 1502-1513.

[229] Been K, Jefferies MG. A state parameter for sands[J]. Geotechnique, 1985, 35(2): 99-112.

[230] O'Donnell ST, Kavazanjian E. Stiffness and dilatancy improvements in uncemented sands treated through MICP[J]. Journal of Geotechnical and Geoenvironmental Engineering, 2015, 141(11): 02815004.

[231] 崔昊, 肖杨, 孙增春, 等. 微生物加固砂土弹塑性本构模型 [J]. 岩土工程学报, 2022, 44(03): 474-482.

[232] Cui MJ, Zheng JJ, Chu J, et al. Bio-mediated calcium carbonate precipitation and its effect on the shear behaviour of calcareous sand[J]. Acta Geotechnica, 2021, 16(5): 1377-1389.

[233] Yao YP, Liu L, Luo T, et al. Unified hardening (uh) model for clays and sands[J]. Computers and Geotechnics, 2019, 110: 326-343.

[234] Baudet B, Stallebrass S. A constitutive model for structured clays[J]. Geotechnique, 2004, 54(4): 269-278.

[235] Chen QS, Indraratna B, Carter J, et al. A theoretical and experimental study on the behaviour of lignosulfonate-treated sandy silt[J]. Computers and Geotechnics, 2014, 61: 316-327.

[236] Li XS, Dafalias Y, Wang ZL. State-dependant dilatancy in critical-state constitutive modelling of sand[J]. Canadian Geotechnical Journal, 1999, 36(4): 599-611.

[237] Xiao Y, Liu HL, Chen YM, et al. Bounding surface model for rockfill materials dependent on density and pressure under triaxial stress conditions[J]. Journal of Engineering Mechanics, 2014, 140(4): 04014002.

[238] 赵常, 张瑾璇, 张宇, 等. 微生物加固土多尺度研究进展 [J]. 北京工业大学学报, 2021, 47(07): 792-801.

[239] 谈叶飞, 郭张军, 陈鸿杰, 等. 微生物追踪固结技术在堤防防渗中的应用 [J]. 河海大学学报 (自然科学版), 2018, 46(06): 521-526.

[240] 路桦铭, 张智超, 肖杨, 等. 降雨条件下微生物技术治理崩岗侵蚀 [J]. 高校地质学报, 2021, 27(06): 731-737.

[241] Xiao Y, Ma G, Wu H, et al. Rainfall-induced erosion of biocemented graded slopes[J]. International Journal of Geomechanics, 2022, 22(1): 04021256.

[242] 路桦铭. 微生物加固边坡降雨侵蚀多尺度试验研究 [D]. 重庆大学学位论文, 2022.

[243] Jiang N-J, Tang C-S, Yin L-Y, et al. Applicability of microbial calcification method for sandy-slope surface erosion control[J]. Journal of Materials in Civil Engineering, 2019, 31(11): 04019250.

[244] Xiao Y, Xiao W, Ma G, et al. Mechanical performance of biotreated sandy road bases[J]. Journal of Performance of Constructed Facilities, 2022, 36(1): 04021111.

[245] 刘汉龙, 韩绍康, 陈卉丽, 等. 潮湿环境砂岩质石窟岩体微生物加固补配修复方法 [J]. 土木与环境工程学报 (中英文), 2022: 1-2.

[246] Cui MJ, Lai HJ, Hoang T, et al. One-phase-low-ph enzyme induced carbonate precipitation (eicp) method for soil improvement[J]. Acta Geotechnica, 2021, 16(2): 481-489.

[247] 马国梁, 何想, 路桦铭, 等. 高岭土微粒固载成核微生物固化粗砂强度 [J]. 岩土工程学报, 2021, 43(02): 290-299.

[248] Ma G, He X, Jiang X, et al. Strength and permeability of bentonite-assisted biocemented coarse sand[J]. Canadian Geotechnical Journal, 2021, 58(7): 969-981.